Décompositi

C000101716

Hanifa Zekraoui

Décompositions matricielles et leurs applications

Noor Publishing

Imprint
Any brand names and product names mentioned in this book are subject to trademark, brand or patent protection and are trademarks or registered trademarks of their respective holders. The use of brand names, product names, common names, trade names, product descriptions etc. even without a particular marking in this work is in no way to be construed to mean that such names may be regarded as unrestricted in respect of trademark and brand protection legislation and could thus be used by anyone.

Cover image: www.ingimage.com

Publisher:
Noor Publishing
is a trademark of
International Book Market Service Ltd., member of OmniScriptum Publishing Group
17 Meldrum Street, Beau Bassin 71504, Mauritius

Printed at: see last page
ISBN: 978-620-0-06557-5

Décompositions matricielles et leurs applications
Cours avec exercices (Deux parties et deux annexes)

Hanifa Zekraoui

30 juillet 2018

Table des matières

Préface

Cet ouvrage est le fruit des cours destinés aux étudiants de la deuxième année LMD Mathématiques qui ont déjà fait leur cours en algèbre linéaire de la première année. Il est constitué de deux parties et deux annexes. La première partie est la matière de l'Algèbre 3 qui traite le sujet de la réduction des endomorphismes (des matrices carrées) est leurs applications aux quelques aspects mathématiques. La deuxième partie est la matière de l'Algèbre 4 qui traite les formes bilinéaires symétriques et les formes quadratiques et en particulier les notions de l'espace préhilbertien. Le point central commun entre les deux parties est d'établir le théorème de décomposition en valeurs propres. Les annexes ne sont pas du programme des étudiants de la deuxième année, mais ils sont plus profonds et ils sont destinés aux étudiants qui veulent continuer leur démarche académique après Licence. La première annexe est sur la décomposition des matrices en valeurs singulières (non seulement les matrices carrées mais aussi les matrices rectangulaires), la décomposition en QR qui généralise la méthode de Gram-Schmidt aux matrices rectangulaires et la factorisation à plein rang qui est un cas général sans être restreint à l'orthogonalité. La deuxième annexe expose les calculs de quelques types d'inverses généralisés des matrices à laide des décompositions matricielles.

Première partie

Réduction des endomorphismes

Préface

Cet ouvrage est le fruit des cours destinés aux étudiants de la deuxième année LMD Mathématiques qui ont déjà fait leur cours en algèbre linéaire de la première année. Il est constitué de l'Algèbre 3 qui traite le sujet de la réduction des endomorphismes (des matrices carrées) est leurs applications à quelques aspects mathématiques.

La réduction des endomorphismes est un outil puissant pour la détermination de plusieurs notions de l'algèbre linéaire comme le rang d'une matrice, la puissance d'une matrice, l'inverse d'une matrice inversible, etc. Comme elle a plusieurs applications dans d'autres aspects mathématiques, comme l'étude des problèmes inverses, les suites récurrentes linéaires, la résolution des équations différentielles et l'exponentielle d'une matrice. Le but de ce cours est d'exposer le théorème de la diagonalisation des endomorphismes et de le présenter aux étudiants de la deuxième année LMD Mathématiques d'une façon simple et compréhensible.

la partie est constituée de cinq chapitres, le premier chapitre expose quelques préliminaires nécessaires pour le contenu comme la somme directe des sous-espaces vectoriels, la matrice associée à une application linéaire dans des bases données et lorsqu'on change les bases, les matrices équivalentes et les matrices semblables.

Le deuxième chapitre traite les sous-espace vectoriel invariants par un endomorphisme et la présentation de la matrice associée, passant par la somme directe de deux sous-espaces vectoriels invariants et les projecteurs en déduisant le lemme des noyaux et on termine le chapitre par des exercices.

Le troisième chapitre présente les valeurs propres et les vecteurs propres d'un endomorphisme, le polynôme caractéristique, le théorème de Cayley- Hamilton et le polynôme minimal en terminant le chapitre par une série d'exercices.

Le quatrième chapitre présente le théorème de la diagonalisation d'un endomorphisme avec sa démonstration, la forme rationnelle, ensuite la forme normale de Jordan en exposant sa démonstration (nous mentionnons que la preuve de la forme normale de Jordan est non incluse dans le programme officiel), ensuite, nous déterminons la matrices de passage après avoir donner la notion des vecteurs propres généralisés

11

en terminant le chapitre par une série d'exercices.

Le cinquième chapitre présente quelques applications de la diagonalisation des endomorphismes, en le terminant par quelques sujets de
contrôles de l'algèbre 3 avec leurs corrigés types.

Table des notations

$\mathbb{N}$ – l'ensemble des entiers naturels

$\mathbb{Z}$ – l'anneau des entiers relatifs

$\mathbb{Z}_n$ – l'anneau des entiers relatifs modulo n

$p\gcd(x,y)$– le plus grand commun diviseur de x et y

$\mathbb{R}^n$– $\mathbb{R}$–espace vectoriel de dimension n

$\mathbb{C}^n$– $\mathbb{C}$–espace vectoriel de dimension n

$\ell(E)$– l'espace des endmorphismes d'un espace vectoriel E

$\mathbb{K}[X]$– l'espace des polynômes sur un corps $\mathbb{K}$ (l'anneau des polynômes sur un corps $\mathbb{K}$)

$\mathbb{K}_n[X]$– l'espace vectoriel des polynômes sur un corps $\mathbb{K}$ de degré inférieur ou égal à n

$vect(X)$– l'espace vectoriel engendré par l'ensemble X

$\{e_1, ..., e_n\}$– la base canonique d'un espace vectoriel de dimension n

$\dim E$– dimension d'un espace vectoriel E

$\operatorname{Im} f$– Image d'une application linéaire f

$\ker f$–noyau d'une application linéaire f

$M_{m\times n}(\mathbb{K})$ ou $M(m \times n, \mathbb{K})$–espace vectoriel des matrices $m \times n$ sur un corps $\mathbb{K}$

$Gl(n;\mathbb{K})$ le groupe des matrices inversibles d'ordre n sur un corps $\mathbb{K}$

I_n– matrice unité d'ordre n

$0_{m\times n}$– matrice zéro $m \times n$

O_n– le groupe des matrices orthogonales d'ordre n

U_n – le groupe des matrices unitaires d'ordre n

A^T– transposée de la matrice A

A^*– adjointe de la matrice A (de l'application linéaire A)

$diag(a_{11}, ..., a_{nn})$ – matrice diagonale

$f_{/L}$– la restriction de l'application f au sous-espace L

$P_{L,M}$ – projecteur sur L parallèlement à M

$J_{\lambda,k}$, $J_k(\lambda)$– Le bloc de Jordan d'ordre k associé à la valeur propre λ

$\det A$– déterminant d'une matrice carrée A

$tr(A)$– trace d'une matrice carrée A

$\oplus$– somme directe

$\langle .,.\rangle$– produit scalaire

$\overline{1,n}$ – l'ensemble des indices $\{1, 2, ..., n\}$

Chapitre 1

Quelques préliminaires pour la diagonalisation des endo- morphismes

Introduction

Ce chapitre est un rappel introductif de quelques résultats de la première année qui sont nécessaires pour les autres chapitres. Nous les citons sans les démontrer, Nous allons aussi compléter le chapitre par quelques exercices de révision.

Somme directe de sous-espaces vectoriels

Soit E un espace vectoriel de dimension finie sur un corps $\mathbb{K}$, E_1 et E_2 deux sous-espaces vectoriels de E. Nous laissons aux étudiants de se souvenir de la démonstration de ces résultats : les ensembles suivants λE_1 pour un scalaire λ, $E_1 + E_2$, $E_1 \cap E_2$ sont des sous-espaces vectoriels de E, par contre $E_1 \cup E_2$ n'est pas en général un sous-espace vectoriel.

Définition 1 *On dit que la somme E_1+E_2 est directe ssi $E_1 \cap E_2 = \{0\}$ et on note $E_1 + E_2 = E_1 \oplus E_2$. Si en plus $E_1 + E_2 = E$ on dit que E est décomposé en somme directe de E_1 et E_2 et que E_1 et E_2 sont supplémentaires l'un de l'autre dans E.*

Exemple 2   *1. Les axes vectoriels dans le plan forment des sous-espaces vectoriels supplémentaires l'un de l'autre dans le plan.*

2. Les ensembles des fonctions paires et des fonctions impaires forment des sous-espaces vectoriels supplémentaires l'un de l'autre dans l'espace des fonctions réelles.

3. L'ensemble des matrices symétriques et l'ensemble des matrices antisymétriques forment des sous-espaces vectoriels supplémentaires l'un de l'autre dans l'espace des matrices carrées sur un corps de caractéristique $\neq 2$.

Pour $n \geq 3$, on peut généraliser la définition 1 à une famille $\left\{E_i, i = \overline{1,n}\right\}$ comme suit :

Définition 3 *On dit que la somme $E_1 + E_2 + ... + E_n$ est directe ssi pour tout $i = \overline{2,n}$, nous avons*

$$E_1 \cap (E_2 + ... + E_{i-1}) = \{0\} \quad et \quad E_i \cap (E_1 + ... + E_{i-1}) = \{0\}$$

et on note

$$E_1 + ... + E_n = E_1 \oplus ... \oplus E_n = \bigoplus_{i=1}^{n} E_i.$$

Proposition 4 *Les assertions suivantes sont équivalentes :*

i) $E = E_1 \oplus E_2$.

ii) *pour tout $x \in E$ il existe un unique $(x_1, x_2) \in E_1 \times E_2$ tel que $x = x_1 + x_2$.*

iii) *Pour tout $(x_1, x_2) \in E_1 \times E_2$, $x_1 + x_2 = 0 \Rightarrow x_1 = x_2 = 0$.*

Théorème 5 *(Conséquence du théorème de la base incomplète) Pour tout sous-espace vectoriel F de E, il existe un sous-espace supplémentaire (non unique) de F dans E.*

Applications linéaires et matrices associées

Soient E et F deux espaces vectoriels sur un corps $\mathbb{K}$ de dimensions n et m respectivement.

Définition 6 *Toute application f de E dans F préservant l'addition et la multiplication par un scalaire s'appelle application linéaire.*

On peut réunir les deux propriétés

$$\forall x, y \; \in \; E, \, f\,(x+y) = f\,(x) + f\,(y)$$
$$\forall \alpha \; \in \; \mathbb{K}, \, \forall x \in E, \, f\,(\alpha x) = \alpha f\,(x)$$

par la suivante

$$\forall \alpha, \, \beta \in \mathbb{K}, \forall x, \, y \in E, \, f\,(\alpha x + \beta y) = \alpha f\,(x) + \beta f\,(y)\,.$$

Soient $\left\{v_i, i = \overline{1,n}\right\}$ et $\left\{u_i, i = \overline{1,m}\right\}$ deux bases de E et F resp., alors pour tout $i = \overline{1,m}$ et tout $j = \overline{1,n}$ il existe des scalaires $a_{ij} \in \mathbb{K}$, tels que

$$f\,(v_j) = a_{1j}u_1 + ... + a_{mj}u_m.$$

Ainsi, il existe une matrice $M = (a_{ij})_{m \times n}$ s'appelle la matrice associée à f dans les bases données. Inversement, si on donne une matrice $A = (a_{ij})_{m \times n}$, alors il existe une application linéaire f associée à A dans les bases canoniques de E et F resp. définie par

$$\forall x \in E, \, f\,(x) = Ax.$$

– Si $E = F$, on a

$$u_j = I\,(u_j) = p_{1j}v_1 + ... + p_{nj}v_n,$$

alors la matrice associée à l'application identique I de E représente la matrice de passage P de la base $\left\{v_i, i = \overline{1,n}\right\}$ à la base $\left\{u_i, i = \overline{1,n}\right\}$. La matrice inverse P^{-1} est la matrice de passage de la base $\left\{u_i, i = \overline{1,n}\right\}$ à la base $\left\{v_i, i = \overline{1,n}\right\}$.

– Si on change les bases $\left\{v_i, i = \overline{1,n}\right\}$ et $\left\{u_i, i = \overline{1,m}\right\}$ de E et F à des bases $\left\{v_i', i = \overline{1,n}\right\}$ et $\left\{u_i', i = \overline{1,m}\right\}$, on obtient une nouvelle matrice $M' = \left(a_{ij}'\right)_{m \times n}$ associée à f. Il est intéressant de savoir quelle est la relation entre M et M'. On peut répondre par deux méthodes :

1) Méthode directe qui consiste à calculer M' en utilisant les matrices de passage $P = (p_{ij})_{n \times n}$ de $\left\{v_i, i = \overline{1,n}\right\}$ à $\left\{v_i', i = \overline{1,n}\right\}$ et $Q = (q_{ij})_{m \times m}$ de $\left\{u_i, i = \overline{1,n}\right\}$ à $\left\{u_i', i = \overline{1,n}\right\}$:

$$
\begin{aligned}
f\left(v_j'\right) &= a_{1j}'u_1' + ... + a_{mj}'u_m' \qquad\qquad (1.1)\\
&= a_{1j}'\,(q_{11}u_1 + ... + q_{m1}u_m) + ... + a_{mj}'\,(q_{1m}u_1 + ... + q_{mm}u_m)\\
&= \left(q_{11}a_{1j}' + ... + q_{1m}a_{mj}'\right)u_1 + ... + \left(q_{m1}a_{1j}' + ... + q_{mm}a_{mj}'\right)u_m
\end{aligned}
$$

D'autre part,

$$
\begin{aligned}
f\left(v_j'\right) &= f\left(p_{1j}v_1 + ... + p_{nj}v_n\right) = p_{1j}f\left(v_1\right) + ... + p_{nj}f\left(v_n\right) \qquad (1.2) \\
&= p_{1j}\left(a_{11}u_1 + ... + a_{m1}u_m\right) + ... + p_{nj}\left(a_{1n}u_1 + ... + a_{mn}u_m\right) \\
&= \left(a_{11}p_{1j} + ... + a_{1n}p_{nj}\right)u_1 + ... + \left(a_{m1}p_{1j} + ... + a_{mn}p_{nj}\right)u_m
\end{aligned}
$$

Des deux équations (1.1) et (1.2) et pour $i = \overline{1,m}$ et $j = \overline{1,n}$ on obtient l'égalité des deux produit des matrices

$$
QM' = MP
$$

ce qui donne

$$
M' = Q^{-1}MP. \qquad (1.3)
$$

2) Méthode indirecte reliée à la composition des applications linéaires donne enfin le résultat (1.3)

– Si $E = F$, et si on considère que la base de départ et d'arrivé est $\left\{v_i, i = \overline{1,n}\right\}$, ensuite on la change à la base $\left\{u_i, i = \overline{1,n}\right\}$, alors l'équation (1.3) devient

$$
M' = P^{-1}MP \qquad (1.4)
$$

Définition 7 *Les matrices M et M' dans l'équation (1.3) sont dites équivalentes, alors que celles dans (1.4) sont dites semblables.*

Série d'exercices

Exercice 8 *On considère les vecteurs du $\mathbb{R}$-espace vectoriel $E = \mathbb{R}^4$:*
$a_1 = (0,1,1,1)$, $a_2 = (1,0,1,1)$, $a_3 = (1,1,0,1)$, $a_4 = (1,1,1,0)$.
Soit $F = Vect(\{a_1, a_2\})$ le sous-espace vectoriel engendré par $\{a_1, a_2\}$, et $G = Vect(\{a_3, a_4\})$ le sous-espace vectoriel engendré par $\{a_3, a_4\}$.

1. *Montrer que $E = F \oplus G$.*

2. *Construire deux applications linéaires π et π' de E dans lui-même (E peut être un espace vectoriel quelconque, non nécessairement celui donné en haut), tels que $\ker \pi = G$, $\ker \pi' = F$ et $I = \pi + \pi'$.*

3. *Déduire que $\pi^2 = \pi = I - \pi'$ et $\pi\pi' = \pi'\pi = 0$. (π et π' s'appellent **projecteurs** sur F et G resp.)*

Exercice 9 *Soit $E = \mathbb{R}_n[X]$ l'espace vectoriel des polynômes de degré $\leq n$. Pour $a \in \mathbb{R}$, on définit $E_a = \{P \in E, (X - a)\ \text{divise}\ P\}$.*

1. *Montrer que si $a \neq b$ il existe un couple de réels (c, d) tel que $1 = c(X - a) + d(X - b)$.*

2. *Déduire que $E = E_a + E_b$, la somme est-elle directe ?*

Exercice 10 *soit E un $\mathbb{K}$-espace vectoriel de dimension finie et F et G deux sous-espaces vectoriels de E. Utiliser les supplémentaires de $F \cap G$ dans F et G pour montrer que $\dim(F + G) = \dim F + \dim G - \dim(F \cap G)$.*

Exercice 11 *Soit f l'application de $\mathbb{R}^3$ dans $\mathbb{R}^4$ définie par*

$$f(x, y, z) = (-x + y, x - y, -x + z, -y + z)$$

1. *Montrer que f est linéaire.*

2. *Écrire la matrice de f dans les bases canoniques.*

3. *Soient $v_1 = (1, 2, 0)$, $v_2 = (2, 1, 0)$, $v_3 = (0, 1, -1)$, $u_1 = (1, -1, 0, 0)$, $u_2 = (2, 1, 0, 0)$, $u_3 = (0, 1, -1, 0)$, $u_4 = (0, 0, 1, 1)$. Montrer que $\{v_1, v_2, v_3\}$ et $\{u_1, u_2, u_3, u_4\}$ sont des bases de $\mathbb{R}^3$ et $\mathbb{R}^4$ respectivement.*

4. *Écrire la matrice de f dans les nouvelles bases.*

5. *Utiliser les matrices de passage P et Q et la question 2 pour déterminer la matrice de f dans les nouvelles bases.*

Exercice 12 *Soit f l'application linéaire de $\mathbb{R}^4$ donnée par la matrice*

$$A = \begin{pmatrix} -8 & -3 & -3 & 1 \\ 6 & 3 & 2 & -1 \\ 26 & 7 & 10 & -2 \\ 0 & 0 & 0 & 2 \end{pmatrix}$$

1. *Montrer que $v_1 = (-2, 1, 5, 0) \in \ker(f - I_4)$, $v_2 = (-3, 1, 5, 0) \in \ker(f - 2I_4)$. En déduire que v_1, $v_2 \in \operatorname{Im} f$.*

2. *Déterminer v_3 et v_4 tels que $f(v_3) = 2v_3 + v_2$, $f(v_4) = 2v_4 + v_3$. En déduire que v_3, $v_4 \in \operatorname{Im} f$.*

3. *Montrer que $\{v_1, v_2, v_3, v_4\}$ est une base de $\mathbb{R}^4$. En déduire que $\operatorname{Im} f = \mathbb{R}^4$. Que peut-on dire de f ?*

4. *Écrire la matrice de f dans la base $\{v_1, v_2, v_3, v_4\}$.*

5. *Partager la matrice déterminée dans la question 4 en blocs diagonale, en déduire son inverse.*

Exercice 13 *Soient A et B deux matrices d'ordre n.*

1. *Montrer que $\det(AB) = \det(BA)$. En déduire que les matrices semblables ont le même déterminant.*

2. *Les mêmes questions pour la trace.*

3. *Vérifier l'identité*

$$\begin{pmatrix} \lambda I_n - AB & A \\ 0 & \lambda I_n \end{pmatrix} \begin{pmatrix} I_n & 0 \\ B & I_n \end{pmatrix} = \begin{pmatrix} I_n & 0 \\ B & I_n \end{pmatrix} \begin{pmatrix} \lambda I_n & A \\ 0 & \lambda I_n - BA \end{pmatrix}.$$

En déduire que

$$\det(\lambda I_n - AB) = \det(\lambda I_n - BA).$$

Exercice 14 *Soient E un $\mathbb{K}$-espace vectoriel de dimension n et $f \in \ell(E)$ tel que $f^n = 0$ et $f^{n-1} \neq 0$. Montrer que la matrice de f est*

semblable à $\begin{pmatrix} 0 & 1 & & 0 \\ & \ddots & \ddots & \\ & & \ddots & 1 \\ 0 & & & 0 \end{pmatrix}$ *ou à* $\begin{pmatrix} 0 & & & 0 \\ 1 & \ddots & & \\ & \ddots & \ddots & \\ 0 & & 1 & 0 \end{pmatrix}.$

Exercice 15 *Soit $f \in \ell(\mathbb{R}^3)$ dont la matrice associée dans la base canonique est donnée par*

$$A = \begin{pmatrix} 3 & -1 & 1 \\ 2 & 0 & 1 \\ 1 & -1 & 2 \end{pmatrix}.$$

1. *Montrer que $v_1(0,1,1)$, $v_2 = (1,1,0)$, $v_3 = (1,1,1)$ forment une base de $\mathbb{R}^3$.*

2. *Montrer que la matrice associée à f dans cette base est*

$$B = \begin{pmatrix} 1 & 0 & 0 \\ 0 & 2 & 1 \\ 0 & 0 & 2 \end{pmatrix}.$$

   En déduire A^n.

Exercice 16 *Soit $A = P^{-1}DP$ où $D \in M_{n \times n}(\mathbb{K})$ et $P \in Gl(n;\mathbb{K})$. Montrer que pour tout polynôme $f(X) \in \mathbb{K}[X]$, $f(A) = P^{-1}f(D)P$.*

Chapitre 2

sous-espaces vectoriels invariants par un endomorphisme

Introduction

La théorie des sous-espaces stables (invariants) est très large, riche et aussi compliquée. Son existence est dérivé de la structure de $\mathbb{K}[X]$-module et les idéaux d'un anneau et couvre une partie importante des matrices symétriques et Hermitiennes et s'étend à les matrices carrées, et mêmes aux espaces de Hilbert. Elle repose sur les corps algébriquement clos et l'anneau des polynômes sur ses corps. Le but de cette théorie et de décomposer l'espace vectoriel en somme directe de sous-espaces vectoriels stables par un endomorphisme, ce qui donne une présentation matricielle réduite à cet endomorphisme permettant de performer les opérations algébriques et de composer les fonctions numériques sur ces endomorphismes de manière facile et semblable aux celles performées sur les nombres. Plusieurs théorèmes et décompositions en relation sont le fruit de cette théorie, citons le théorème de Cayley-Hamilton et la forme normale de Jordan (en particulier les endomorphismes nilpotents), le théorème des décompositions invariantes et la forme rationnelle, ces derniers feront l'objet des chapitre prochains. La théorie a aussi lien avec les groupes finis, les groupes spéciaux, la géométrie projective, et l'algèbre de Lie. Dans ce chapitre nous allons introduire les notions d'invariance et quelques résultats qui servent notre intérêt pour les chapitres prochains, en terminant par une

Série d'exercices en relation.

Dans ce chapitre et qui suivent $\mathbb{K}$ est un corps de caractéristique zéro (sauf exception), en général, soit réel ou complexe, E est un $\mathbb{K}$−espace vectoriel de dimension finie, $u \in \ell(E)$ et M_u la matrice associée à u dans la base initiale donnée.

sous-espaces vectoriels invariants

Définition 17 *Soit F un sous-espace vectoriel de E. On dit que F est invariant (ou encore stable) par u si $u(F) \subseteq F$, c'est-à-dire : $\forall x \in F$, $u(x) \in F$. Dans ce cas, u induit sur F un endomorphisme ($u_{/F}$ la double restriction de u à F)*

$$u_{/F} : F \to F, \; u_{/F}(x) = u(x).$$

Il est clair que $\{0\}$ et E sont des sous-espaces invariants par tout endomorphisme (ces espaces sont dits triviaux). Si E est de dimension 1, alors $\{0\}$ et E sont les seuls sous-espaces invariants.

Exemple 18 *L'espace vectoriel $F = vect\{(1,0,0),(0,1,0)\}$ est invariant par l'endomorphisme $u \in \ell(\mathbb{R}^3)$ défini par*

$$\forall (x,y,z) \in \mathbb{R}^3, u(x,y,z) = (2x, 2y + z, 2z).$$

En effet, pour $v \in F$, $\exists x, y \in \mathbb{R}$, tel que $v = (x,y,0)$, d'où

$$u(v) = u(x,y,0) = (2x, 2y, 0) = 2(x,y,0) \in F.$$

Exemple 19 *Aucune droite vectorielle est invariante par une rotation d'angle $0 < \theta < \pi$ dans le plan.*

Définition 20 *Un endomorphisme d'un espace vectoriel non nul pour lequel les seuls sous-espaces stables sont les deux sous-espaces triviaux est qualifié d'endomorphisme irréductible.*

Représentation matricielle

Lemme 21 *Si E est muni d'une base adaptée à F (c'est-à-dire une base de F complétée en une base de E), la matrice M_u peut être notée par blocs.*

Preuve. Étant donnée $\{v_1, \cdots, v_r\}$ une base de F, on complète cette base à $\{v_1, ..., v_r, ..., v_n\}$ une base de E, ensuite on calcule la matrice M_u. On obtient

$$M_u = \begin{pmatrix} A & B \\ 0 & C \end{pmatrix},$$

où $A = M_{u/F} \in M_{r \times r}(\mathbb{K})$ et $B \in M_{r \times (n-r)}(\mathbb{K})$ et $C \in M_{(n-r) \times (n-r)}(\mathbb{K})$.
∎

Corollaire 22 *Soient F et F' deux sous-espaces vectoriels de E, supplémentaires l'un de l'autre et stables par u, alors la matrice M_u est représentée par une matrice de blocs diagonale*

$$M_u = \begin{pmatrix} A & 0 \\ 0 & B \end{pmatrix}$$

où les blocs A et B représentent respectivement les matrices associées à les restrictions de u à F et F'.

sous-espaces cycliques

Proposition 23 *Soient $u \in \ell(E)$ et v un vecteur de E non nul.*
L'ensemble $F = \{P(u)(v), P(X) \in \mathbb{K}[X]\}$ est un sous-espace vectoriel de E stable par u.

Preuve. D'abord, on monre que F est un sous-espace vectoriel de E.
1) Pour $P(X) = 0$, on a $P(u)(v) = 0$, d'où $0 \in F$.
2)

$$\forall P(u)(v), Q(u)(v) \in F, \exists \alpha, \beta \in \mathbb{K},$$
$$L(X) = \alpha P(X) + \beta Q(X) \in \mathbb{K}[X],$$

d'où

$$\alpha P(u)(v) + \beta Q(u)(v) = (\alpha P(u) + \beta Q(u))(v) = L(u)(v) \in F.$$

On montre que F est stable par u.

$$\forall P(u)(v) \in F, S(X) = XP(X) \in \mathbb{K}[X],$$

d'où

$$u(P(u)(v)) = (uP(u))(v) = S(u)(v) \in F.$$

∎

Définition 24 *Soient $u \in \ell(E)$ et v un vecteur de E non nul. Le sous-espace vectoriel défini dans la proposition 23 s'appelle espace cyclique engendré par v. L'endomorphisme u s'appelle endomorphisme cyclique si l'espace cyclique engendré par v est égal à E.*

Lemme 25 *Si E est de dimension n, et $u \in \ell(E)$ est un endomorphisme cyclique, alors il existe $v \in E$ non nul pour lequel l'ensemble $\{v, u(v), \cdots, u^{n-1}(v)\}$ est une base de E. La matrice de u dans cette base est donnée par*

$$A = \begin{pmatrix} 0 & 0 & \cdots & 0 & -a_0 \\ 1 & 0 & & & -a_1 \\ 0 & 1 & & \vdots & \vdots \\ \vdots & \vdots & & \vdots & \vdots \\ 0 & 0 & & 1 & -a_{n-1} \end{pmatrix} = \begin{pmatrix} 0 & \cdots & & -a_0 \\ & & & \vdots \\ & I_{n-1} & & -a_{n-1} \end{pmatrix}$$

Preuve. 1) On montre que $\{v, u(v), \cdots, u^{n-1}(v)\}$ engendre E.

Comme $\dim E = n$, alors l'ensemble $\{v, u(v), \cdots, u^{n}(v)\}$ est lié, d'où il existe $P(X) \in \mathbb{K}[X]$ de degré n, tel que $P(u)(v) = 0$. Comme u est cyclique, alors $E = \{L(u)(v), L(X) \in \mathbb{K}[X]\}$. Soit $L(X) \in \mathbb{K}[X]$, de la division euclidienne, il existe $Q(X), R(X) \in \mathbb{K}[X]$, $d^\circ(R(X)) = n - 1$, tels que

$$L(X) = P(X)Q(X) + R(X)$$

ce qui donne

$$L(u)(v) = R(u)(v) \Rightarrow E = \{R(u)(v), R(X) \in \mathbb{K}[X], d^\circ(R(X)) = n - 1\}$$

ce qui montre que l'ensemble $\{v, u(v), \cdots, u^{n-1}(v)\}$ engendre E.

2) On montre que l'ensemble est libre.

Si cet ensemble est lié, alors, il existe un plus petit entier $0 \leq k < n-1$ pour lequel l'ensemble $\{v, u(v), \cdots, u^{k}(v)\}$ est libre. De la même manière dans 1), il existe $P(X) \in \mathbb{K}[X]$ de degré $> k$, $P(u)(v) = 0$. En utilisant encore la division euclidienne, on obtient

$$E = \{R(u)(v), R(X) \in \mathbb{K}[X], d^\circ(R(X)) = k\}.$$

Ainsi, l'ensemble $\{v, u(v), \cdots, u^{k}(v)\}$ engendre E, ce qui donne $\dim E = k+1 < n$. Par conséquent, $\{v, u(v), \cdots, u^{n-1}(v)\}$ est libre. Ainsi, c'est une base de l'espace cyclique E.

Maintenant nous allons chercher la matrice associée à u dans la base $\{v, u(v), \cdots, u^{n-1}(v)\}$.

Soit $P(X) = X^n + a_{n-1}X^{n-1} + \cdots + a_0$, tel que $P(u)(v) = 0$, alors

$$u^n(v) = -a_0 v - a_1 u(v) - \cdots - a_{n-1}u^{n-1}(v).$$

Ecrivons les images par u des vecteurs de la base $\{v, u(v), \cdots, u^{n-1}(v)\}$ dans cette base, nous obtenons

$$u(v) = 0.v + 1.u(v) + 0.u^2(v) + \cdots 0.u^{n-1}(v)$$
$$u(u(v)) = u^2(v) = 0.v + 0.u(v) + 1.u^2(v) + \cdots 0.u^{n-1}(v)$$
$$\vdots$$
$$u(u^{n-1}(v)) = u^n(v) = -a_0 v - a_1 u(v) - \cdots - a_{n-1}u^{n-1}(v).$$

Ainsi nous avons la matrice en question. ■

Il est clair que le polynôme unitaire $P(X)$ de degré $n = \dim E$ est le polynôme de degré minimal pour lequel $P(u)(v) = 0$. Notons aussi que dans ce cas

$$P(u)(v) = 0 \text{ implique } P(u) = 0$$

Définition 26 *Soit $u \in \ell(E)$ un endomorphisme cyclique. Le polynôme $P(X) = X^n + a_{n-1}X^{n-1} + \cdots + a_0$, de degré $n = \dim E$, tel que $P(u) = 0$ s'appelle le polynôme minimal de u. La matrice définie dans le lemme 25 s'appelle la matrice compagnon de $P(X)$.*

sous-espaces caractéristiques

Soient $u \in \ell(E)$ et $P(X) \in \mathbb{K}[X]$. Les sous-espaces $\ker P(u)$ et $\operatorname{Im} P(u)$ sont stables par u. Pour que cette construction soit intéressante ($\ker P(u)$ et $\operatorname{Im} P(u)$ non nuls et non égals à E) il est nécessaire que l'endomorphisme $P(u)$ soit à la fois non nul et non inversible. C'est ce qui arrive en dimension finie lorsque $P(X)$ est un diviseur strict du polynôme minimal de u. Soient $m(X)$ le polynôme minimal de u de degré > 1 et λ l'une de ses racines, alors $P(X) = X - \lambda$ est un deviseur strict de $m(X)$. Le lemme suivant nous indique une partie des espaces stables par u.

Lemme 27 *Soient $\dim E = n$, $u \in \ell(E)$ et λ une racine du polynôme minimal de u. Alors, les sous-espaces vectoriels $\ker(u - \lambda I)^{\nu}$ pour $0 \leq \nu \leq n$ sont stables par u.*

Preuve. Soit $v \in \ker(u - \lambda I)^{\nu}$; montrons que $u(v) \in \ker(u - \lambda I)^{\nu}$

$$v \in \ker(u - \lambda I)^{\nu} \Rightarrow (u - \lambda I)^{\nu}(v) = 0$$

D'autre part, du fait que $(X - \lambda)^{\nu} X = X(X - \lambda)^{\nu}$, alors les endomorphsmes u et $(u - \lambda I)^{\nu}$ commutent (i.e.$(u - \lambda I)^{\nu} u = u(u - \lambda I)^{\nu}$). Ainsi nous avons

$$\begin{aligned}
(u - \lambda I)^{\nu}(u(v)) &= ((u - \lambda I)^{\nu} u)(v) = (u(u - \lambda I)^{\nu})(v) \\
&= u((u - \lambda I)^{\nu}(v)) = u(0) = 0 \Rightarrow u(v) \in \ker(u - \lambda I)^{\nu}
\end{aligned}$$

■

Définition 28 *Les sous-espaces définis dans le lemme 27 sont appelés sous-espaces caractéristiques. En particulier, pour $\nu = 1$ ils sont appelés espaces propres.*

La série des exercices qui suit donne un bagage important pour le concept des sous-espaces invariants comme la commutation et stabilité, sous-espaces stables et dualité, Stabilité et trigonalisation, etc.

Le lemme des noyaux

Le lemme des noyaux, aussi appelé théorème de décomposition des noyaux, est un résultat sur la réduction des endomorphismes. Si $u \in \ell(E)$ est annulé par un polynôme $P(X) \in \mathbb{K}[X]$, alors ce lemme prévoit une décomposition de E comme somme directe de sous-espaces vectoriels stables par u. Ces derniers se définissent comme noyaux de polynômes en u et les projecteurs associés sont eux-mêmes des polynômes en u. Le lemme des noyaux conduit à la décomposition de Dunford (tout endomorphisme u est la somme d'un endomorphisme diagonalisable d et d'un endomorphisme nilpotent n) puis à la décomposition de Jordan qui vient dans le chapitre prochain. Comme conséquence du corollaire 22, le lemme des noyaux montre qu'*un opérateur u est diagonalisable si et seulement s'il est annulé par un polynôme scindé à racines simples* (c'est donc le polynôme minimal de u), les noyaux dans ce cas sont de dimension 1). Ce résultat et ses interprétations peuvent être clarifiés dans le chapitre prochain comme condition nécessaire est suffisante pour la diagonalisation des endomorphismes.

Théorème 29 *(le lemme des noyaux) Soient $u \in \ell(E)$ et $P_1(X)$, $P_2(X) \in \mathbb{K}[X]$ deux polynômes premiers entre eux. Alors,*

$$\ker(P_1(u) P_2(u)) = \ker P_1(u) \oplus \ker P_2(u).$$

De plus, les restrictions à $\ker P_1 P_2(u)$ des projections sur un noyau parallèlement à l'autre sont des polynômes en u.

Remarque 30 *Si $P_1 P_2(u) = 0$, alors $\ker P_1 P_2(u) = E$. Ainsi, le lemme des noyaux s'applique pour le polynôme minimal de u sur un corps (ou plus au moins, sur un anneau admettant une décomposition en facteurs premiers).*

Preuve. la preuve du théorème

Comme $P_1(X)$ et $P_2(X)$ sont premiers entre eux, alors il existe $Q_1(X)$, $Q_2(X)$ tels que

$$Q_1(X) P_1(X) + Q_2(X) P_2(X) = 1,$$

évaluant en u on obtient

$$Q_1(u) P_1(u) + Q_2(u) P_2(u) = I \tag{2.1}$$

Les endomorphismes $P_1(u)$, $Q_1(u)$, $Q_2(u)$, $P_2(u)$ sont tous des polynômes en u, donc ils commutent l'un avec les autres. Prenant la restriction de u à $\ker P_1(u) P_2(u)$ et appliquant l'exercice 8, N°2, 3, Chapitre 1, on obtient deux projecteurs

$$\pi = Q_1(u) P_1(u), \ \pi' = Q_2(u) P_2(u).$$

Reste à montrer que $\ker P_1(u) = \ker \pi$ et de la même façon, $\ker P_2(u) = \ker \pi'$ et $\ker (P_1(u) P_2(u)) = \ker \pi\pi'$.

En effet,

$$v \in \ker P_1(u) \Rightarrow P_1(u)(v) = 0 \Rightarrow Q_1(u) P_1(u)(v) = 0$$

ce qui montre que $\ker P_1(u) \subseteq \ker \pi$. Maintenant,

$$v \in \ker \pi \Rightarrow Q_1(u) P_1(u)(v) = 0,$$

de l'égalité (2.1), on a

$$
\begin{aligned}
v &= (Q_2(u) P_2(u))(v) \Rightarrow P_1(u)(v) = P_1(u)((Q_2(u) P_2(u))(v)) \\
&= Q_2(u)(P_1(u) P_2(u)(v)) = Q_2(u)(0) = 0
\end{aligned}
$$

ce qui donne $\ker \pi = \ker P_1(u)$. ∎

Série d'exercices

Exercice 31 *Montrer que*

1. *Tout endomorphisme d'une droite vectorielle est irréductible*

2. *Toute rotation d'un plan euclidien dont l'angle n'est pas un multiple de π est irréductible.*

3. *En dimension finie, un endomorphisme est irréductible si et seulement s'il est cyclique et si son polynôme minimal est irréductible.*

Exercice 32 *Soit $u,\, v \in \ell(E)$.*

1. *Montre que $\ker u$ et $\operatorname{Im} u$ sont stables par u.*

2. *Si $u \circ v = v \circ u$, montrer que $\ker u$ et $\operatorname{Im} u$ sont stables par v. Donner un exemple numérique pour démontrer que la réciproque n'est pas vraie.*

3. *Soit $P(X) \in \mathbb{K}[X]$, Si $u \circ v = v \circ u$, montrer que $\ker P(u)$ et $\operatorname{Im} P(u)$ sont stables par v. (Ce qui montre que le résultat dans la question 2 est particulier).*

4. *En particulier, montrer que $\ker P(u)$ et $\operatorname{Im} P(u)$ sont stables par u.*

5. *Déterminer les sous-espaces vectoriels stables par l'endomorphisme de dérivation dans $\mathbb{K}[X]$.*

Exercice 33   *1. Montrer que l'intersection de sous-espaces stables par $u \in \ell(E)$ est stable par u.*

2. Même question pour la somme.

Exercice 34 *Supposons que E est muni d'un produit scalaire $\langle \cdot, \cdot \rangle$ (vous pouvez considérer $E = \mathbb{R}^n$ et pour $x = (x_1, ..., x_n)$, $y = (y_1, ..., y_n) \in E$, $\langle x, y \rangle = \sum x_i y_i$) et soit F un sous-espace vectoriel de E. On définit l'orthogonal de F par*

$$F^{\perp} = \{ x \in E; \forall y \in F, \langle x, y \rangle = 0 \}.$$

Pour $u \in \ell(E)$, u^* est défini par $\forall x, y \in E$, $\langle u(x), y \rangle = \langle x, u^*(y) \rangle$.

1. *Montrer que F est stable par u si et seulement si $F^{\perp}$ est stable par u^*.*

2. *Soit $A = \begin{pmatrix} 1 & 2 & 0 \\ -4 & 3 & 4 \\ 2 & 2 & -1 \end{pmatrix}$. Déterminer les droites vectorielles stables par A. À l'aide de la question 1, déduire les plans vectoriels stables par A.*

3. *Même question pour $B = \begin{pmatrix} 0 & -1 & 2 \\ 0 & -1 & 0 \\ -1 & 1 & -3 \end{pmatrix}$.*

Chapitre 3

Valeurs propres et vecteurs propres

Introduction

Les valeurs propres et les vecteurs propres sont les moyens principaux pour la réduction des endomorphismes. Il s'agit de déterminer la matrice de passage d'une base où l'endomorphisme est présenté par une matrice à coefficients non nuls occupant presque tout le carré à une matrice plus simple : diagonale ou diagonale en bloc. Cette matrice de passage est complètement formée des vecteurs propres ou une moitie des vecteurs propres et l'autre moitie des vecteurs propres généralisés dont leur calcul est toujours basé sur les vecteurs propres et les valeurs propres.

Définition 35 *Soit $u \in \ell(E)$. On appelle vecteur propre de u tout $v \in E$, non nul, pour lequel il existe $\lambda \in \mathbb{K}$, tel que $u(v) = \lambda v$. λ s'appelle valeur propre associée à v.*

Vecteurs propres et sous-espaces stables

Nous avons déjà introduit par la définition 28, chapitre 2, la notion des espaces caractéristiques en général et les espaces propres en par-

ticulier. Dans ce paragraphe nous allons collecter quelques propriétés
de ces espaces et leur relation avec les valeurs propres, en laissant les
preuves aux étudiants.

Propriétés

- Le vecteur nul est un vecteur propre associé à toutes les valeurs
  propres. Donc quand on parle des vecteurs propres, il s'agit des
  vecteurs non nuls.
- Si v est un vecteur propre, alors v et $u(v)$ sont liés dans $\operatorname{Im} u$ et
  que v est l'un des générateurs de $\operatorname{Im} u$.
- Si v est un vecteur propre associé à une valeur propre λ, alors
  tout multiple de v est aussi un vecteur propre associé à la même
  valeur λ.
- L'ensemble des vecteurs propres associés à la même valeur propre
  λ est un sous-espace vectoriel de E noté V_λ ou E_λ, c'est l'espace
  propre $V_\lambda = \ker(u - \lambda I)$ (de la définition 28, chapitre 2, on déduit
  que la valeur propre de u est une racine du polynôme minimal de
  u).
- Pour $\lambda_1 \neq \lambda_2$, on a $V_{\lambda_1} \cap V_{\lambda_2} = \{0\}$. En d'autre terme, les vecteurs
  propres associés aux valeurs propres distinctes sont libres.
- Les sous-espaces propres d'un endomorphisme sont stables par
  cet endomorphisme (voir Lemme 27, chapitre 2).
- Les espaces vectoriels de dimension 1 (les droites vectorielles)
  stables par un endomorphisme sont des espaces propres pour
  cet endomorphisme. L'exemple suivant montre que les espaces
  propres ne sont pas nécessairement de dimension 1.

Exemple 36 *La matrice* $\begin{pmatrix} 2 & 0 & 0 \\ 0 & 2 & 1 \\ 0 & 0 & 2 \end{pmatrix}$ *a un espace propre* $V_{\lambda=2} = $
vect (e_1, e_2).

Le théorème suivant découle de la définition et des propriétés précédentes :

Théorème 37 *On considère un scalaire λ et $u \in \ell(E)$. Les assertions
suivantes sont équivalentes*

i) *λ est une valeur propre de u.*

ii) *Il existe un vecteur propre non nul de u de valeur propre λ.*

iii) *Le système linéaire $(u - \lambda I)(v) = 0$ a au moins une solution non
nulle (on dit aussi non triviale, puisque le vecteur nul est toujours
solution).*

iv) $\ker(u - \lambda I)$ *n'est pas réduit au seul vecteur nul.*

v) *L'endomorphisme $u - \lambda I$ est non injectif (ainsi non bijectif).*

vi) *Le rang de $(u - \lambda I)$ n'est pas maximum (autrement dit strictement inférieur à la dimension n de E).*

vii) $\det(u - \lambda I) = 0$.

Donc, la recherche des valeurs propres d'un endomorphisme (d'une matrice) est caractérisée par la résolution de l'équation $\det(u - \lambda I) = 0$, c'est pour cela qu'on l'appelle *équation caractéristique* de u.

Exemple 38 *Déterminer les valeurs propres et les vecteurs propres de la matrice $A = \begin{pmatrix} 1 & 6 \\ 5 & 2 \end{pmatrix}$. Appliquons le théorème précédent, λ est une valeur propre de $A \Leftrightarrow \det(A - \lambda I) = 0$, ce qui donne*

$$(\lambda - 1)(\lambda - 2) - 30 = 0 \implies \lambda_1 = -4, \ \lambda_2 = 7.$$

Cherchons maintenant les vecteurs propres (les espaces propres). Soit $v_1 = \begin{pmatrix} x \\ y \end{pmatrix} \in \mathbb{R}^2$.

v_1 est associé à $\lambda_1 = -4$, alors $(A - (-4) I_2)(v_1) = 0$, ce qui donne

$$\begin{cases} 5x + 6y &= 0 \\ 5x + 6y &= 0 \end{cases}$$

ce qui donne $v_1 = x \begin{pmatrix} 1 \\ \frac{-5}{6} \end{pmatrix}$. De la même manière on trouve $v_2 = \begin{pmatrix} 1 \\ 1 \end{pmatrix}$.

Polynôme caractéristique

Définition 39 *Soit $M \in M_{m \times n}(\mathbb{K})$. On appelle mineur principal de M d'ordre k, le déterminant d'une sous matrice de M d'ordre k obtenue en supprimant $m - k$ lignes et $n - k$ colonnes de mêmes indices de la matrice M.*

Notation 40 *Soit M une matrice carrée d'ordre n. On note $\det M_{i,i}$ pour le mineur principal de M d'ordre $n - 1$, obtenu en supprimant la ligne et la colonne du même indice i de la matrice M, $\det M_{i,j}$ pour le mineur non principal de M d'ordre $n - 1$, obtenu en supprimant la ligne d'indice i et la colonne d'indice j de la matrice M, et $\det M_{I,J}$ pour le mineur de M d'ordre $n - k$, obtenu en supprimant les lignes d'indices appartiennent à I et les colonnes d'indices appartiennent à J où $I, J \subset \{1, 2, ..., n\}$.*

Exemple 41 *Les mineurs (principaux et non principaux) obtenus en retirant juste une ligne et une colonne des matrices carrées (premiers mineurs) sont nécessaires pour calculer les cofacteurs matriciels, qui sont à leur tour utiles pour calculer à la fois le déterminant et l'inverse des matrices carrées.*

Exemple 42 *Les premiers mineurs principaux et non principaux de*
$$M = \begin{pmatrix} 1 & 0 & -1 \\ 2 & 1 & 1 \\ 0 & 3 & -2 \end{pmatrix} \text{ sont}$$

$$\det M_{1,1} = \begin{vmatrix} 1 & 1 \\ 3 & -2 \end{vmatrix} = -5, \ \det M_{2,2} = \begin{vmatrix} 1 & -1 \\ 0 & -2 \end{vmatrix} = -2, \ \det M_{3,3} = \begin{vmatrix} 1 & 0 \\ 2 & 1 \end{vmatrix} =$$

Les premiers mineurs non principaux (en laissant les restes aux étudiants) sont

$$\det M_{1,2} = \begin{vmatrix} 2 & 1 \\ 0 & -2 \end{vmatrix} = -4, \det M_{1,3} = \begin{vmatrix} 2 & 1 \\ 0 & 3 \end{vmatrix} = 6, \ \det M_{2,3} = \begin{vmatrix} 1 & 0 \\ 0 & 3 \end{vmatrix} = 3$$

Les mineurs $\det M_{I,J}$ *(en laissant les restes aux étudiants) sont*

$$\det M_{\{1,2\},\{1,2\}} = \det(-2) = -2, \ \det M_{\{1,2\},\{1,3\}} = \det(3) = 3$$

Lemme 43 *Soit* $u \in \ell(E)$ *représenté par une matrice* M. *Alors* $\det(XI - u)$ *est un polynôme unitaire de degré* $n = \dim E$, *tel que son développement est donné par*

$$C(X) = X^n - a_1 X^{n-1} + \cdots + (-1)^n a_n$$

où les coefficients a_k *sont la somme des mineurs principaux d'ordre* k *pour* $k = \overline{1, n}$.

$$a_k = \sum_{I \subset \{1,2,\ldots,n\}, |I| = n-k} \det M_{I,I_p}, \text{ pour } k = \overline{1, n}.$$

Ainsi
$$a_1 = traceM, \ a_n = \det M.$$

Définition 44 *Soit* $u \in \ell(E)$. $C(X) = \det(XI - u)$ *s'appelle le polynôme caractéristique de* u.

Coefficients du polynôme caractéristique

Le lemme 43 nous donne des informations sur les coefficients de $C(X)$ et leur relation avec des quantités plus importantes comme la trace et le déterminant de u, ainsi que les valeurs propres qui ne sont que les racines de $C(X)$. De plus, si $\lambda_1,\ ...,\lambda_n$ sont les valeurs propres de u, alors les fonctions élémentaires des racines d'un polynôme nous donnent

$$trace(u) = \sum_{i=1}^{n}\lambda_i, \ \det u = \prod_{i=1}^{n}\lambda_i$$

Exemple 45 *Le polynôme caractéristique de* $A = \begin{pmatrix} 1 & 3 & -1 \\ 3 & 0 & 1 \\ -2 & 1 & 0 \end{pmatrix}$.

$$
\begin{aligned}
C(X) &= \det(XI_3 - A) \\
&= X^3 - tr(A)X^2 + (\det A_{1,1} + \det A_{2,2} + \det A_{3,3})X - \det A \\
&= X^3 - X^2 + \left(\begin{vmatrix} 0 & 1 \\ 1 & 0 \end{vmatrix} + \begin{vmatrix} 1 & -1 \\ -2 & 0 \end{vmatrix} + \begin{vmatrix} 1 & 3 \\ 3 & 0 \end{vmatrix} \right) X - (-10) \\
&= X^3 - X^2 - 12X + 10.
\end{aligned}
$$

Lorsqu'il s'agit de la recherche des valeurs propres, il est préférable de ne pas développer le polynôme caractéristique mais de le mettre sous forme de facteurs premiers, sauf s'il est difficile de le faire.

Théorème de Cayley -Hamilton

Ce théorème a une grande importance dans le calcul matriciel, il autorise des simplifications puissantes dans les calculs de matrices comme la puissance d'une matrice, il permet d'établir des résultats théoriques, par exemple pour calculer le polynôme caractéristique d'un endomorphisme nilpotent, comme il permet de calculer l'inverse d'une matrice. Tous ces types de calcul sont illustrés par les exercices proposés à l'afin du chapitre.

Théorème 46 *Tout endomorphisme (matrice carrée) est racine de son polynôme caractéristique.*

Preuve. Soient M une matrice carrée et

$$C(X) = \det(XI_n - M) = X^n + b_1 X^{n-1} + \cdots + b_n.$$

Soit $adj(XI_n - M)$ l'adjoint classique (la comatrice) de $(XI_n - M)$. Nous avons

$$C(X)I_n = (XI_n - M)\,adj(XI_n - M).$$

Les ceofficients de $adj\,(XI_n - M)$ sont les premiers mineurs de $(XI_n - M)$ à un signe près, (voir Exemple 41), ils sont donc des polynômes de degré $\leq n-1$. Ainsi $adj\,(XI_n - M)$ est une matrice à coefficients polynômials de degré $n - 1$, alors il existe un polynôme à coefficients matriciels de degré $n - 1$, disant

$$adj\,(XI_n - M) = X^{n-1}I_n + B_1 X^{n-2} + \cdots + B_{n-1}.$$

En développant, et identifiant les coefficients des deux membres, on obtient

$$\begin{cases} I_n & = & I_n \\ B_1 - M & = & b_1 I_n \\ B_2 - MB_1 & = & b_2 I_n \\ \vdots & \vdots & \vdots \\ -MB_{n-1} & = & b_n I_n \end{cases}$$

On multiple les deux membres de la première équation par M^n. On multiple à gauche les deux membres de la deuxième équation par M^{n-1},..., On multiple à gauche les deux membres de l'avant dernière équation par M, ensuite on somme les deux membres des nouvelles équations obtenues, on obtient

$$\begin{aligned} 0 & = & M^n + M^{n-1}B_1 - M^n + M^{n-2}B_2 - M^{n-1}B_1 + \cdots + MB_{n-1} - MB_{n-1} \\ & = & M^n + b_1 M^{n-1} + \cdots + b_n I_n = C\,(M)\,. \end{aligned}$$

Notons que la multiplication ici est effectuée à gauche mais également on peut l'effectuer à droite car la matrice et sa comatrice commutent du fait que le produit donne la matrice scalaire. ■

Polynôme minimal

Nous avons déjà vu la définition du polynôme minimal dans le chapitre 2. D'après le théorème de Cayley-Hamilton, c'est donc un diviseur du polynôme caractéristique de degré minimal et qui admet u comme racine. Le lemme 25, chapitre 2, nous montre aussi que le polynôme minimal d'un endomorphisme cyclique est lui-même le polynôme caractéristique. La réciproque est-elle vraie ?

Théorème 47 *Une matrice (un endomorphisme) est cyclique si et seulement si ses polynômes minimal et caractéristique coïncident.*

Preuve. Donc il suffit de montrer la réciproque. Si les polynômes minimal et caractéristique de u coïncident, alors le polynôme minimal $m\,(X)$ est de degré n. Donc, aucun polynôme de degré $n - 1$ ne s'annule pour u. Ainsi pour tout vecteur non nul $x \in E$, les vecteurs x, $u\,(x)$, ..., $u^{n-1}\,(x)$ sont libres. Donc on peut choisir un vecteur x tel que $\{x, u\,(x), ..., u^{n-1}\,(x)\}$ est une base de E, ce qui indique que u est cyclique. ■

Théorème 48 *Un endomorphisme (une matrice) est cyclique si, et seulement si, tous ses sous-espaces propres sont de dimension* 1.

Preuve. D'après le lemme 25, chapitre 2, un endomorphisme u (une matrice) est cyclique si, et seulement si, u représenté par une matrice compagnon. Soit

$$C_u = \begin{pmatrix} 0 & 0 & \cdots & 0 & -a_0 \\ 1 & 0 & & & -a_1 \\ 0 & 1 & & & \vdots \\ \vdots & \vdots & & & \vdots \\ 0 & 0 & & 1 & -a_{n-1} \end{pmatrix}.$$

Alors,

$$C_u - \lambda I_n = \begin{pmatrix} -\lambda & 0 & \cdots & 0 & -a_0 \\ 1 & -\lambda & & & -a_1 \\ 0 & 1 & & & \vdots \\ \vdots & \vdots & & & \vdots \\ 0 & 0 & & 1 & -\lambda - a_{n-1} \end{pmatrix}.$$

Comme la sous matrice $(C_u - \lambda I_n)_{n,n}$ (obtenue en supprimant la dernière ligne et la dernière colonne) est de rang $n - 1$, alors $C_u - \lambda I_n$ est de rang $\geq n - 1$. Appliquant le théorème des dimensions, on a

$$\dim E = \dim \ker (C_u - \lambda I_n) + rg (C_u - \lambda I_n).$$

Du fait que λ est valeur propre de C_u, $\dim \ker (C_u - \lambda I_n) \neq 0$, alors, $\dim \ker (C_u - \lambda I_n) = 1$ ∎
.

Théorème 49 *Soit* $u \in \ell(E)$. *Le polynôme minimal et le polynôme caractéristique de* u *ont les mêmes racines. En d'autres termes,* λ *est valeur propre de* u *si, et seulement si,* λ *est racine de son polynôme minimal.*

Preuve. Soit λ une valeur propre de u et $m(X)$ le polynôme minimal de u. Il existe donc un vecteur v non nul tel que $u(v) = \lambda v$. Il est facile de montrer que pour tout entier $k > 0, u^k(v) = \lambda^k v$. On déduit que pour tout polynôme $P(X) \in [X]$, on a

$$P(u)(v) = P(\lambda) v$$

Appliquons ce résultat pour le polynôme minimal, nous obtenons

$$0 = m(u)(v) = m(\lambda) v$$

Comme le vecteur v est non nul on en déduit que $m(\lambda) = 0$.

Réciproquement, soit λ une racine de $m(X)$. Alors il exste $Q(X)$, tel que

$$m(X) = (X - \lambda) Q(X)$$

ce qui donne

$$0 = m(u) = (u - \lambda Id) \circ Q(u)$$

Cela implique que

$$\operatorname{Im} Q(u) \subset \ker(u - \lambda Id)$$

Comme le degré de $Q(X)$ est strictement inférieur au degré de $m(X)$, alors $Q(u) \neq 0$. Il en résulte que

$$\ker(u - \lambda Id) \neq \{0\}$$

Par conséquent λ est une valeur propre de u. ∎

Série d'exercices

Exercice 50   *1. Montrer chaque point dans les propriétés citées dans le deuxième paragraphe.*

2. Déduire que u est non injectif si et seulement si 0 est une valeur propre de u.

Exercice 51   *1. Déterminer la matrice de rotation dans le plan.*

2. Monter que la matrice de rotation dans le plan n'a pas de sous-espaces invariants.

Exercice 52 *Soit f l'endomorphisme de $\mathbb{R}^4$ dont la matrice dans la base canonique est $A = \begin{pmatrix} -8 & -3 & -3 & 1 \\ 6 & 3 & 2 & -1 \\ 26 & 7 & 10 & -2 \\ 0 & 0 & 0 & 2 \end{pmatrix}$.*

1. Démontrer que 1 et 2 sont des valeurs propres de f.

2. Déterminer les vecteurs propres de f.

3. Soit u un vecteur propre de f pour la valeur propre 2. Trouver des vecteurs v et w tels que

$$f(v) = 2v + u \text{ et } f(w) = 2w + v.$$

4. En déduire les sous-espaces propres et les sous-espaces caractéristiques de f.

5. *Soit e un vecteur propre de f pour la valeur propre 1. Démontrer que (e, u, v, w) est une base de $\mathbb{R}^4$.*

6. *Donner la matrice de f dans cette base. La matrice A est-elle diagonalisable ?*

7. *En déduire le lemme des noyaux pour f.*

Exercice 53 *Résoudre dans $M_3(\mathbb{R})$ l'équation $X^2 = A$, où*

$$A = \begin{pmatrix} 3 & 0 & 0 \\ 8 & 4 & 0 \\ 5 & 0 & 1 \end{pmatrix}.$$

Exercice 54 *Soit*

$$A = \begin{pmatrix} 1 & 2 & 2 \\ 2 & 1 & 2 \\ 2 & 2 & 1 \end{pmatrix}.$$

Pour n entier relatif donné, calculer A^n par trois méthodes différentes.

Exercice 55 *Soit $A = \begin{pmatrix} 3 & 1 & 0 \\ -4 & -1 & 0 \\ 4 & 8 & -2 \end{pmatrix}.$*

1. *Vérifier que A n'est pas diagonalisable.*

2. *Déterminer $\ker (A - I)^2$.*

3. *Montrer que A est semblable à une matrice de la forme $\begin{pmatrix} a & 0 & 0 \\ 0 & b & c \\ 0 & 0 & b \end{pmatrix}.$*

4. *Calculer A^n pour n entier naturel donné.*

Exercice 56 *Soit $A \in M(n, \mathbb{R})$ vérifiant $rg(A) = 1$. Montrer qu'il existe $\lambda \in \mathbb{R}$ tel que $A^2 = \lambda A$ et que ce scalaire est une valeur propre de A.*

Exercice 57 *Soit $A = \begin{pmatrix} 1 & 1 \\ 2 & 1 \end{pmatrix}.$*

1. *Calculer le polynôme caractéristique de A et déterminer ses valeurs propres.*

2. *On note $\lambda_1 > \lambda_2$ les valeurs propres de A, E_1 et E_2 les sous-espaces propres associés. Déterminer une base $(\varepsilon_1, \varepsilon_2)$ de $\mathbb{R}^2$ telle que $\varepsilon_1 \in E_1$, $\varepsilon_2 \in E_2$, les deux vecteurs ayant des coordonnées de la forme $(1, y)$.*

3. *Soit x un vecteur de $\mathbb{R}^2$, on note (α, β) ses coordonnées dans la base $(\varepsilon_1, \varepsilon_2)$. Démontrer que, pour $n \in \mathbb{N}$ on a*

$$A^n x = \alpha \lambda_1^n \varepsilon_1 + \beta \lambda_2^n \varepsilon_2$$

4. *Notons $A^n x = \begin{pmatrix} a_n \\ b_n \end{pmatrix}$ dans la base canonique de $\mathbb{R}^2$. Exprimer a_n et b_n en fonction de α, β, λ_1 et λ_2. En déduire que, si $\alpha \neq 0$, la suite $\frac{b_n}{a_n}$ tend vers $\sqrt{2}$ quand n tend vers $+\infty$.*

5. *Expliquer, sans calcul, comment obtenir à partir des questions précédentes une approximation de $\sqrt{2}$ par une suite de nombres rationnels.*

Exercice 58   1. *Utiliser la question 3 dans l'exercice 13, Chap.1 pour montrer que, pour deux matrices carrées quelconques A et B, les produits AB et BA possèdent les mêmes valeurs propres.*

2. *Montrer le même résultat en utilisant la définition de la valeur propre et les vecteurs propres (Indication : Utiliser l'identité $B(AB) = (BA)B$).*

Chapitre 4

Les formes canoniques

Introduction

On considère un $\mathbb{K}$-espace vectoriel E de dimension finie n et un endomorphisme $u \in \ell(E)$. La décomposition des matrices en somme ou en produit de matrices plus simples est l'un des outils les plus puissants dans le calcul matriciel. En outre, elle permet d'étudier certaines propriétés des endomorphismes, chose qui ne peut pas être fait sans décomposer la matrice associée. Dans ce chapitre nous allons discuter deux formes importantes, la forme rationnelle et la forme normale de Jordan.

La forme rationnelle (Forme de Frobenius)

Nous avons déjà introduit les notions et les outils de cette forme dans le chapitre deux : les sous-espaces invariants, les sous-espaces cycliques, la matrice compagnon, le lemme des noyaux. Ce qui rend ce paragraphe plus court mais aussi plus facile à comprendre.

Une décomposition de Frobenius est une décomposition de E en somme directe de sous-espaces cycliques, telle que les polynômes minimaux (ou caractéristiques) respectifs des restrictions de u aux facteurs sont les *facteurs invariants* de u. La décomposition de Frobenius peut s'effectuer sur un corps $\mathbb{K}$ quelconque (pas nécessairement algébriquement clos) ce qui permet de maintenir les coefficients de la matrice dans cette forme appartenir au même corps initial comme indiquant le théorème 59. Cette forme en plus de son importance en algèbre linéaire, intervient souvent dans les démonstrations de certains théorèmes de la théorie algébrique des nombres, ainsi elle a sa généralisation aux $\mathbb{K}[X]$ −modules, par exemple, on peut se référer à [4], un cours sur un site ou se referer à son livre : Algebra [7].

Théorème 59 *Pour toute matrice carrée $A \in M_n(\mathbb{K})$, il existe une matrice inversible P telle que*

$$P^{-1}AP = diag(C_{p_1}, \cdots C_{p_k})$$

où C_{p_i} désignent les matrices compagnons des polynômes unitaires $p_i(X) \in \mathbb{K}[X]$ pour $i = \overline{1,k}$. Les $p_i(X)$ s'appellent les facteurs invariants de A et satisfont la condition $p_i(X)$ divise $p_{i+1}(X)$ pour $i = \overline{1, k-1}$. $p_k(X)$ est le polynôme minimal de A et $\prod_{i=1}^{k} p_i(X) = c(X)$ est son polynôme caractéristique.

La forme normale de Jordan

Une forme normale de Jordan d'une matrice carrée est une matrice triangulaire supérieure avec les valeurs propres sur la diagonale et les uns dans chaque entrée non nulle hors diagonale (au dessus de la diagonale de la matrice). En d'autres termes, il s'agit d'une matrice bloc diagonale formée de blocs de Jordan. Mettre une matrice carrée sous sa forme normale de Jordan nécessite de connaître son polynôme caractéristique et son polynôme minimal et de trouver les valeurs propres de la matrice. En outre, on cherche les vecteurs propres associés et les vecteurs propres généralisés. Ces derniers forment ensemble une base dans laquelle on passe de la forme initiale à la forme réduite (normale) de Jordan. Cette base s'appelle *base de Jordan*. Dans de nombreux manuels, le concept de forme normale Jordan relève de la diagonalisation des matrices carrées.

Définition 60 *Un bloc de Jordan d'ordre n associé à la valeur propre λ noté souvent par $J_{\lambda,n}$ ou $J_n(\lambda)$ est une matrice carrée d'ordre n sous* *la forme*

$$J_n(\lambda) = \begin{pmatrix} \lambda & 1 & 0 & . & . \\ 0 & \lambda & 1 & 0 & . \\ . & . & . & . & . \\ . & . & . & \lambda & 1 \\ 0 & . & . & 0 & \lambda \end{pmatrix}$$

Le bloc de Jordan $J_n(\lambda)$ peut aussi être écrit sous la forme

$$J_n(\lambda) = \lambda I_n + N \tag{4.1}$$

où N est nilpotente d'indice n.i.e. $N^{n-1} \neq 0$ et $N^n = 0$. En outre, il peut être vu comme le bloc de Jordan $J_n(0)$.

Similitude d'une matrice à bloc de Jordan diagonale

Théorème 61 *Pour chaque matrice carrée A sur le corps complexe (également tout corps algébriquement clos), il existe une matrice inversible P telle que*

$$P^{-1}AP = \begin{pmatrix} J_{n_1}(\lambda_1) & & \\ & \ddots & \\ & & J_{n_k}(\lambda_k) \end{pmatrix}$$
$$= diag(J_{n_1}(\lambda_1), \cdots, J_{n_k}(\lambda_k))$$

où λ_i sont les valeurs propres de A de multiplicités algébriques n_i pour $i = 1, ...k$.

De l'équation (4.1), et du théorème 61, il s'ensuit que : Pour chaque matrice carrée A sur le corps complexe, il existe une matrice diagonale $D = diag(\lambda_1, \cdots, \lambda_k)$ et une matrice niltpotente $N = J_{n_1}(0) \oplus \cdots \oplus J_{n_k}(0)$ (l'indice de nilpotence de N est le max des indices de nilpotence de $J_{n_1}(0), \cdots, J_{n_k}(0)$), telle que $P^{-1}AP = D + N$. Les colonnes de la matrice P sont les vecteurs propres et les vecteurs propres généralisés de A.

Remarque 62 *Cette décomposition en somme est très utile pour la détermination des puissances élevées de la matrice.*

Preuve du théorème

Preuve. Premier cas :

Soient $c(X) = (x - \lambda)^n$ et $m(x) = (x - \lambda)^m$ le polynôme caractéristique et le polynôme minimal de u resp.. On a la suite des itérées des noyaux suivants

$$\ker(u - \lambda I) \subset \ker(u - \lambda I)^2 \subset \cdots \subset \ker(u - \lambda I)^m = \ker(u - \lambda I)^n = E$$

L'endomorphisme u est diagonalisable si et seulement si on a n vecteurs propres qui forment une base de $\ker(u - \lambda I)$ (dans ce cas $\ker(u - \lambda I) = E = \ker(u - \lambda I)^n$ ce qui équivalent à $m = 1$). Sinon il existe au moins un vecteur propre $v_1 \in \ker(u - \lambda I)$ et $v_2 \in \ker(u - \lambda I)^2 - \ker(u - \lambda I)$, ..., $v_m \in \ker(u - \lambda I)^m - \ker(u - \lambda I)^{m-1}$ tels qu'on a la suite des itérés des vecteurs suivants

$$(u - \lambda I)(v_2) = v_1, \ (u - \lambda I)(v_3) = v_2, ..., \ (u - \lambda I)(v_m) = v_{m-1}$$

ce qui est équivalent à

$$(u - \lambda I)^{i-1}(v_i) = v_1 \text{ pour } i = \overline{2, m}$$

Ainsi nous obtenons une base d'un sous-espace E_1 de E formée du vecteur propre v_1 et les vecteurs propres généralisés v_2, ..., v_m tels que la matrice associée à la restriction de u à E_1 dans cette base est le bloc de Jordan $J_m(\lambda)$. Si $m = n$, alors on a seulement ce bloc (dans ce cas, $\dim \ker(u - \lambda I) = 1$). Supposons que $\{v_1, ..., v_k\}$ une base de $\ker(u - \lambda I)$, alors on prend v_1 et procédant de la même façon précédente pour obtenir $m - 1$ vecteurs généralisés $v_{1,2}, ..., v_{1,m}$ pour avoir le bloc $J_m(\lambda)$. On prend le vecteur v_2 et procédant de la même façon précédente pour avoir les vecteurs $v_{2,2}, ..., v_{2,s_1}$ tels qu'ils soient dans le supplémentaire du sous-espace $vect\{v_1, v_{1,2}, ..., v_{1,m}\}$ pour obtenir un bloc $J_{s_1}(\lambda)$ avec $s_1 \leq m$. Continuons notre procédure jusqu'à épuiser tous les vecteurs d'une base de $E = \ker(u - \lambda I)^n$. On obtient exactement k blocs de jordan tels que

$$m + s_1 + s_2 + ... + s_{k-1} = n.$$

Deuxième cas :

Maintenant, supposons que le polynôme cacactéristique et le polynôme minimal de u sont respectivement

$$\begin{aligned} c(X) &= (x - \lambda_1)^{n_A} \cdots (x - \lambda_k)^{n_k} \\ m(X) &= (x - \lambda_1)^{m_A} \cdots (x - \lambda_k)^{m_k} \end{aligned}$$

En premier lieu, appliquons le lemme des noyaux pour obtenir

$$\begin{aligned} E &= \ker(u - \lambda_1 I)^{n_A} \oplus \cdots \oplus \ker(u - \lambda_k I)^{n_k} \\ &= \ker(u - \lambda_1 I)^{m_A} \oplus \cdots \oplus \ker(u - \lambda_k I)^{m_k} \end{aligned}$$

Ensuite pour chaque $\ker(u - \lambda_i I)^{n_i}$ nous procédons de la même manière précédente pour obtenir une base de E telle que la matrice associée dans cette base est bloc diagonale dont les éléments diagonaux sont les blocs de Jordan. ∎

La forme normale de Jordan

De la preuve précédente on peut définir la forme normale de Jordan comme suit :

Définition 63 *Soit $c(X) = \det(A - XI)$ le polynôme caractéristique et $m(X)$ le polynôme minimal de A tels que*

$$
\begin{aligned}
c(X) &= (X - \lambda_1)^{n_1} \ldots (X - \lambda_k)^{n_k} \\
m(X) &= (X - \lambda_1)^{m_1} \ldots (X - \lambda_k)^{m_k}
\end{aligned}
$$

avec $m_i \le n_i$ pour $i = 1, \ldots, k$. La décomposition dans le théorème 61 s'appelle forme normale de Jordan ou plus souvent forme réduite de Jordan si les conditions suivantes sont satisfaites :

1. *Le nombre de blocs de Jordan associés à λ_i est égal à $\dim \ker(A - \lambda_i I)$ qui ne dépasse pas n_i.*

2. *La somme des tailles (ordres) de tous les blocs de Jordan correspondant à une valeur propre λ_i est égale à sa multiplicité algébrique n_i.*

3. *Le plus grand bloc de Jordan correspondant à une valeur propre λ_i est d'ordre m_i, la multiplicité algébrique de λ_i dans le polynôme minimal (i.e. J_{λ_i, n_i} est une matrice bloc diagonale de blocs de Jordan de tailles pas plus grandes que m_i et au moins l'un d'entre eux est de taille (d'ordre) m_i).*

L'exemple suivant montre comment factoriser une matrice sous forme normale de Jordan :

Exemple 64 *Soit $A = \begin{pmatrix} 5 & 0 & -1 & 1 \\ 4 & 1 & -1 & 1 \\ 2 & -1 & 3 & -1 \\ 1 & -1 & 0 & 2 \end{pmatrix}$.*

Le polynôme caractéristique et le polynôme minimal sont respectivement :

$$
c(X) = (X - 1)(X - 2)(X - 4)^2 = m(X).
$$

Alors,

$$
P^{-1}AP = \begin{pmatrix} J_{1,1} & & \\ & J_{2,1} & \\ & & J_{4,2} \end{pmatrix} = \begin{pmatrix} 1 & & & \\ & 2 & & \\ & & 4 & 1 \\ & & 0 & 4 \end{pmatrix} = J.
$$

*Pour déterminer P, mettons P en vecteurs colonnes $P = [p_1, p_2, p_3, p_4]$,
alors $AP = PJ$, ce qui donne*

$$
\begin{aligned}
Ap_1 &= 1p_1 \Longrightarrow (A - I)\,p_1 = 0 \;, & (4.2)\\
Ap_2 &= 2p_2 \Longrightarrow (A - 2I)\,p_2 = 0 \;, \\
Ap_3 &= 4p_3 \Longrightarrow (A - 4I)\,p_3 = 0 \;, \\
Ap_4 &= 1p_3 + 4p_4 \Longrightarrow (A - 4I)\,p_4 = p_3 \Longrightarrow \;\; (A - 4I)^2\, p_4 = (A - 4I)\,p_3 \;\text{(4.3)}
\end{aligned}
$$

Cherchons le vecteur $p_1 = (x, y, z, t)$:

$$
\begin{pmatrix}
4 & 0 & -1 & 1 \\
4 & 0 & -1 & 1 \\
2 & -1 & 2 & -1 \\
1 & -1 & 0 & 1
\end{pmatrix}
\begin{pmatrix} x \\ y \\ z \\ t \end{pmatrix}
=
\begin{pmatrix} 0 \\ 0 \\ 0 \\ 0 \end{pmatrix}
$$

Ainsi nous avons le système

$$
\begin{cases}
4x - z + t & = 0 \\
2x - y + 2z - t & = 0 \\
x - y + t & = 0
\end{cases}
$$

ce qui donne

$$
x = 0, \, t = y = z
$$

*Ainsi, la solution est le sous-espace vectoriel $\{x\,(0, 1, 1, 1)\,, x \in \mathbb{R}\}$,
d'où on prend $p_1 = (0, 1, 1, 1)$. De la même façon les étudiants doivent
vérifier que les autres vecteurs sont*

$$
p_2 = (0, 0, 1, 1)\,, \; p_3 = (1, 1, 1, 0) \;\text{et}\; p_4 = (0, 0, 1, 0)\,.
$$

Ainsi la matrice P est

$$
P = \begin{pmatrix}
0 & 0 & 1 & 0 \\
1 & 0 & 1 & 0 \\
1 & 1 & 1 & 1 \\
1 & 1 & 0 & 0
\end{pmatrix}.
$$

*Il est important de noter que p_1, p_2 et p_3 sont les vecteurs propres
associés aux valeurs propres 1, 2 et 4 (resp.), tandis que p_4 est un
vecteur propre généralisé, car $p_4 \in \ker(A - 4I)^2$. Donc P représente la
matrice de passage de la base canonique à la base de Jordan.*

Exemple 65 *Un autre exemple de la forme normale de Jordan est
considéré dans les exercices 52 et 55, Série d'exercices, chapitre 3.*

Série d'exercices

Exercice 66 *Soit* $A = \begin{pmatrix} 2 & -1 & 2 \\ 5 & -3 & 3 \\ -1 & 0 & -2 \end{pmatrix}$.

1. *Déterminer* $\ker(A + I)$ *en déduisant une valeur propre de* A.

2. *À l'aide de* $Tr(A)$ *et* $\det A$, *déterminer les autres valeurs propres. A est-elle diagonalisable ?*

3. *Déduire le polynôme caractéristique de* A.

4. *A est-elle inversible ? Sans calcul, déduire son inverse*

Exercice 67 *Montrer les assertions suivantes :*

1. *La matrice et sa transposée possèdent les même valeurs propres. Donner un exemple où elles ont un vecteur propre différent.*

2. *Le polynôme caractéristique de* $M = \begin{pmatrix} A & B \\ 0 & C \end{pmatrix}$ *est égal au produit du polynôme caractéristique de* A *par celui de* C.

Exercice 68 *Soient* E *un espace vectoriel de dimension* n *et* $u \in \iota(E)$. *Sans utiliser le théorème de Cayley -Hamilton, montrer qu'il existe un polynôme* $f(X) \in \mathbb{K}[X]$ *tel que* $f(u) = 0$.

Exercice 69   1. *Déterminer les valeurs propres et les vecteurs propres d'un projecteur de* E.

2. *Même question pour une rotation d'angle* θ *dans* $\mathbb{R}^2$, $\mathbb{C}^2$ *sur* $\mathbb{R}$, $\mathbb{C}^2$ *sur* $\mathbb{C}$.

Exercice 70 *Déterminer les valeurs propres, les vecteurs propres et les matrices de passage à la forme normale de Jordan des matrices suivantes :*

$$A = \begin{pmatrix} 2 & 1 & 1 \\ 2 & 4 & 2 \\ 1 & 1 & 3 \end{pmatrix}, B = \begin{pmatrix} 1 & 2 & 2 \\ 1 & 2 & -1 \\ -1 & 1 & 4 \end{pmatrix}, C = \begin{pmatrix} 1 & 1 & 0 \\ 0 & 1 & 0 \\ 0 & 0 & 1 \end{pmatrix},$$

$$D = \begin{pmatrix} 1 & -3 & 3 \\ 3 & -5 & 3 \\ 6 & -6 & 4 \end{pmatrix}, E = \begin{pmatrix} 3 & 0 & -1 \\ 2 & 4 & 2 \\ -1 & 0 & 3 \end{pmatrix}, f = \begin{pmatrix} 1+m & 1+m & 1 \\ -m & -m & -1 \\ m & m-1 & 0 \end{pmatrix},$$

pour $m \in \mathbb{R}$.

Exercice 71 *Déterminer les conditions sur a, b, c, d pour que $A = \begin{pmatrix} a & b \\ c & d \end{pmatrix}$ soit diagonalisable.*

Exercice 72 *Soit $a \in \mathbb{R}$, A la matrice suivante $A = \begin{pmatrix} 0 & 1 \\ -a & 1+a \end{pmatrix}$.*

On définit une suite $(u_n)_{n \in \mathbb{N}}$, par la donnée de u_0 et u_1 et la relation de récurrence suivante : pour $n \in \mathbb{N}$

$$u_{n+2} = (1+a)u_{n+1} - au_n.$$

1. *Pour quelles valeurs de a la matrice A est-elle diagonalisable ?*

2. *Lorsque A est diagonalisable, calculer A^n pour $n \in \mathbb{N}$.*

3. *On suppose que A est diagonalisable. On note U_n le vecteur $U_n = (u_n, u_{n+1})$, exprimer U_{n+1} en fonction de U_n et de A, puis U_n en fonction de U_0 et de A.*

Exercice 73 *Soit A la matrice de $M_3(\mathbb{R})$ suivante $A = \begin{pmatrix} 0 & 1 & 0 \\ -4 & 4 & 0 \\ -2 & 1 & 2 \end{pmatrix}$.*

1. *La matrice A est-elle diagonalisable ?*

2. *Calculer $(A - 2I_3)^2$, puis $(A - 2I_3)^n$ pour tout $n \in \mathbb{N}$. En déduire A^n.*

Exercice 74 *1. Soit*

$$A = \begin{pmatrix} -2 & -1 & 1 & 2 \\ 1 & -1 & 1 & 2 \\ 0 & 0 & -5 & 4 \\ 0 & 0 & -1 & -1 \end{pmatrix}.$$

    a *Utiliser la matrice partitionnée en blocs pour déterminer le polynôme caractéristique de A.*

    b *En déduire le polynôme minimal de A.*

    c *Sans calcul, expliquer par deux méthodes différentes pourquoi* $\dim \ker (A + 3I) \neq 4$.

    d *En déduire la forme réduite de Jordan de A.*

    e *Déterminer la base de Jordan.*

2. *Déterminer le polynôme minimal de chaque matrice dans les séries d'exercices de 1 à 4 et sa forme réduite de Jordan.*

Exercice 75 *Soit la matrice*

$$A = \begin{pmatrix} 2 & 1 & 0 & 0 & 0 \\ 0 & 2 & 1 & 0 & 0 \\ 0 & 0 & 2 & 0 & 0 \\ 0 & 0 & 0 & 2 & 1 \\ 0 & 0 & 0 & 0 & 2 \end{pmatrix}.$$

Déduire (sans calcul) les polynômes caractéristique et minimal de A, et la dimension de l'espace propre.

Exercice 76 *(Synthèse) Préciser les espaces propres, les espaces caractéristiques de toutes les matrices dans les séries d'exercices de 1 à 4. Lesquelles sont des matrices cycliques ?*

Chapitre 5

Quelques applications de la diagonalisation des endomorphismes

Introduction

La réduction des endomorphismes et la diagonalisation des matrices permettent de simplifier considérablement un certain nombre de calculs, comme par exemple le calcul de puissances d'une matrice, ou la résolution de systèmes différentiels linéaires. Par exemple, le calcul des puissances d'une matrice devient très simple dès lors que l'on a diagonalisé la matrice : la puissance n-ième d'une matrice diagonale s'obtient en élevant tous ses éléments à la puissance n, ce qui est faux pour des matrices non diagonales.

Application aux suites récurrentes linéaires

Soit $A \in M_m(\mathbb{K})$ et $(X_n)_{n \in \mathbb{N}}$ une suite d'un $\mathbb{K}$-espace vectoriel de dimension m ($\mathbb{K} = \mathbb{R}$ ou $\mathbb{C}$), donnée par la récurrence

$$X_n = AX_{n-1}, \text{ et } X_0 = (x_{01}, ..., x_{0m}) \qquad (5.1)$$

Alors, la récurrence (5.1) devient

$$X_n = AX_{n-1} = A^2 X_{n-2} = ... = A^n X_0 \qquad (5.2)$$

En appliquant la diagonalisation de A (si A est diagonalisable), on obtient facilement X_n à partir de X_0.

En effet, comme A est diagonalisable, alors il existe P inversible (formée des vecteurs propres associés aux valeurs propres $\lambda_1, ..., \lambda_m$ comptées avec leurs multiplicités) et une matrice diagonale $D = diag(\lambda_1, ..., \lambda_m)$, telles que

$$P^{-1}AP = D$$

ce qui est équivalent à

$$A = PDP^{-1}$$

La récurrence (5.2) donne

$$X_n = (x_{n1}, ..., x_{nm}) = \left(PD^n P^{-1} \right)(x_{01}, ..., x_{0m}) \qquad (5.3)$$

Exemple 77 *Soient deux suites réelles* $(u)_n$ *et* $(v)_n$ *données par le système*

$$\begin{cases} 5u_{n+1} &= -u_n + 6v_n \\ 5v_{n+1} &= 4u_n + v_n \end{cases} \quad avec\ u_0 = \frac{5}{3},\ v_0 = 0$$

Mettons le système sous forme matricielle

$$\begin{pmatrix} u_{n+1} \\ v_{v+1} \end{pmatrix} = \frac{1}{5} \begin{pmatrix} -1 & 6 \\ 4 & 1 \end{pmatrix} \begin{pmatrix} u_n \\ v_v \end{pmatrix}$$

Les vecteurs propres de $A = \begin{pmatrix} -1 & 6 \\ 4 & 1 \end{pmatrix}$ *associés à leurs valeurs propres sont* $\left\{ \begin{pmatrix} -\frac{3}{2} \\ 1 \end{pmatrix} \right\} \leftrightarrow -5, \left\{ \begin{pmatrix} 1 \\ 1 \end{pmatrix} \right\} \leftrightarrow 5$. *Appliquons la diagonalisation, nous obtenons*

$$\begin{pmatrix} u_n \\ v_n \end{pmatrix} = \begin{pmatrix} -\frac{3}{2} & 1 \\ 1 & 1 \end{pmatrix} \begin{pmatrix} (-1)^n & 0 \\ 0 & 1 \end{pmatrix} \begin{pmatrix} -\frac{2}{5} & \frac{2}{5} \\ \frac{2}{5} & \frac{3}{5} \end{pmatrix} \begin{pmatrix} \frac{5}{3} \\ 0 \end{pmatrix}$$

$$= \begin{pmatrix} (-1)^n + \frac{2}{3} \\ \frac{2}{3} - \frac{2}{3}(-1)^n \end{pmatrix}.$$

Exemple 78 *Soit une suite récurrente réelle donnée par la relation de récurrence*

$$u_{n+2} = 5u_{n+1} - 6u_n, \; u_0 = 1, \; u_1 = 5.$$

Pour retourner au cas d'un système, on pose

$$\begin{cases} u_{n+2} &= 5u_{n+1} - 6v_{n+1} \\ v_{n+2} &= u_{n+1}. \end{cases}$$

On répète la méthode précédente, on obtient : $A = \begin{pmatrix} 5 & -6 \\ 1 & 0 \end{pmatrix}$, *les vecteurs propres associés à leurs valeurs :* $\left\{ \begin{pmatrix} 2 \\ 1 \end{pmatrix} \right\} \leftrightarrow 2, \left\{ \begin{pmatrix} 3 \\ 1 \end{pmatrix} \right\} \leftrightarrow 3$

$$\begin{cases} u_n &= 5u_{n-1} - 6v_{n-1} \\ v_n &= u_{n-1}. \end{cases}, \; n \geq 1$$

$$P = \begin{pmatrix} 2 & 3 \\ 1 & 1 \end{pmatrix} \Rightarrow P^{-1} = \begin{pmatrix} -1 & 3 \\ 1 & -2 \end{pmatrix}.$$

Ainsi nous avons

$$\begin{pmatrix} 2 & 3 \\ 1 & 1 \end{pmatrix} \begin{pmatrix} 2^{n-1} & 0 \\ 0 & 3^{n-1} \end{pmatrix} \begin{pmatrix} -1 & 3 \\ 1 & -2 \end{pmatrix} \begin{pmatrix} 5 \\ 1 \end{pmatrix} = \begin{pmatrix} 3^{n+1} - 2^{n+1} \\ 3^n - 2^n \end{pmatrix}$$

ce qui donne

$$u_n = 3^{n+1} - 2^{n+1}.$$

Application aux équations différentielles linéaires

Cas d'un système linéaire différentiel

Soit le système différentiel linéaire, pour $n \geq 1$,

$$\frac{d}{dt} X^{(n-1)}(t) = X^{(n)}(t) = A X^{(n-1)}(t), \text{ et } X^{(0)}(t) = (x_{01}(t), ..., x_{0m}(t)) = X(t)$$

Suivons la même méthode exposée dans la section précédente, nous obtenons

$$X^{(n)}(t) = A^n X^{(0)}(t) = A^n X(t).$$

Supposons que la matrice est diagonalisable, alors pour $n = 1$, nous obtenons

$$X'(t) = P D P^{-1} X(t)$$

On pose $P^{-1}X'(t) = Y'(t)$, alors, $X(t) = PY(t)$, on obtient

$$Y'(t) = DY(t)$$

i. e.

$$\begin{pmatrix} y'_1 \\ y'_2 \\ \cdot \\ \cdot \\ y'_m \end{pmatrix} = DY = \begin{pmatrix} \lambda_1 & & & \\ & \cdot & & \\ & & \cdot & \\ & & & \lambda_m \end{pmatrix} \begin{pmatrix} y_1 \\ y_2 \\ \cdot \\ \cdot \\ y_m \end{pmatrix}.$$

Par suite,

$$\frac{y'_i}{y_i} = \lambda_i,$$

ce qui donne

$$y_i(t) = c_i \exp(\lambda_i t)$$

Par substitution dans $X(t) = PY(t)$, nous obtenons

$$\begin{pmatrix} x_1(t) \\ x_2(t) \\ \cdot \\ \cdot \\ x_m(t) \end{pmatrix} = P \begin{pmatrix} c_1 \exp(\lambda_1 t) \\ c_2 \exp(\lambda_2 t) \\ \cdot \\ \cdot \\ c_m \exp(\lambda_m t) \end{pmatrix}$$

i. e.

$$X(t) = (c_1 \exp(\lambda_1 t)) V_1 + (c_2 \exp(\lambda_2 t)) V_2 + ... (c_m \exp(\lambda_m t)) V_m$$

où les V_i sont les vecteurs propres qui forment les colonnes de la matrice P.

Exemple 79 *Soit le système suivant*

$$\begin{cases} x'_1 = x_1 + 3x_2 \\ x'_2 = 2x_1 + 2x_2 \end{cases}$$

Mettons-le sous la forme matricielle, nous avons

$$\begin{pmatrix} x'_1 \\ x'_2 \end{pmatrix} = \begin{pmatrix} 1 & 3 \\ 2 & 2 \end{pmatrix} \begin{pmatrix} x_1 \\ x_2 \end{pmatrix}$$

Les vecteurs propres de $A = \begin{pmatrix} 1 & 3 \\ 2 & 2 \end{pmatrix}$ associés à leurs valeurs :

$$\left\{ V_1 = \begin{pmatrix} -\frac{3}{2} \\ 1 \end{pmatrix} \right\} \leftrightarrow -1, \left\{ V_2 = \begin{pmatrix} 1 \\ 1 \end{pmatrix} \right\} \leftrightarrow 4,$$

d'où, la solution est

$$\begin{aligned} X(t) &= (c_1 \exp(-t)) V_1 + (c_2 \exp 4t) V_2 \\ &= \left(c_1 \left(-\frac{3}{2} \right) \exp(-t) + c_2 \exp(4t), c_1 \exp(-t) + c_2 \exp(4t) \right) \end{aligned}$$

Cas d'une équation différentielle linéaire

Théorème 80 *Toute équation différentielle (explicite) d'ordre $n \geq 1$, linéaire, peut être transformée en un système de n équations différentielles du 1er ordre.*

En effet, soit l'équation différentielle explicite d'ordre n :

$$a_0 y + a_1 y' + ... + a_{n-1} y^{(n-1)} + y^{(n)} = 0$$

Introduisons n nouvelles fonctions :

$$\begin{cases} z_1 & = & y \\ z_2 & = & y' \\ . & . & . \\ . & . & . \\ z_n & = & y^{(n-1)} \end{cases}$$

En dérivant les deux cotés du système, l'équation différentielle est alors équivalente au système différentiel portant sur les nouvelles variables

$$\begin{cases} z_1' & = & z_2 \\ z_2' & = & z_3 \\ . & . & . \\ . & . & . \\ z_n' & = & y^{(n)} \end{cases}$$

i. e.

$$\begin{pmatrix} z_1' \\ z_2' \\ . \\ . \\ z_n' \end{pmatrix} = \begin{pmatrix} 0 & 1 & 0 & \cdots & 0 \\ 0 & 0 & 1 & \cdots & 0 \\ . & . & . & \cdots & . \\ . & . & \cdots & \cdots & . \\ -a_0 & -a_1 & \cdots & . & -a_{n-1} \end{pmatrix} \begin{pmatrix} z_1 \\ z_2 \\ . \\ . \\ z_n \end{pmatrix}.$$

Ainsi, nous nous sommes retournés au premier cas de cette section.

Exemple 81 *Résoudre l'équation différentielle : $y'' + 3y' + 2y = 0$. Appliquons ce qui précède, nous obtenons : $y'' = -2y - 3y'$*

$$\begin{pmatrix} z_1' \\ z_2' \end{pmatrix} = \begin{pmatrix} 0 & 1 \\ -2 & -3 \end{pmatrix} \begin{pmatrix} z_1 \\ z_2 \end{pmatrix}.$$

Les vecteurs propres de $A = \begin{pmatrix} 0 & 1 \\ -2 & -3 \end{pmatrix}$ associés aux valeurs propres :

$$\left\{ V_1 = \begin{pmatrix} -1 \\ 1 \end{pmatrix} \right\} \leftrightarrow -1, \left\{ V_2 = \begin{pmatrix} -\frac{1}{2} \\ 1 \end{pmatrix} \right\} \leftrightarrow -2,$$

ce qui donne la solution :

$$Z(t) = (c_1 \exp(-t)) V_1 + (c_2 \exp(-2t)) V_2$$
$$= \left(-c_1 \exp(-t) - \frac{1}{2} c_2 \exp(-2t), c_1 \exp(-t) + c_2 \exp(-2t) \right),$$

d'où

$$y(t) = z_1(t) = -c_1 \exp(-t) - \frac{1}{2} c_2 \exp(-2t).$$

Application au calcul de l'exponentielle d'une matrice

Soit A une matrice carrée d'ordre n, réelle ou complexe, $\exp A$ est donnée par la série $\sum_{k=0}^{\infty} \frac{1}{k!} A^k$. Donc obtenir une exponentielle d'une matrice carrée par la série est seulement approximatif en général. Mais si nous savons obtenir $\exp J_n(\lambda)$, $\exp D$, $\exp N$, où $J_n(\lambda)$ un bloc de Jordan, D matrice diagonale, et N nilpotente ($N^s = 0$ à partir d'un certain s), alors le calcul de $\exp X$, X générale devient possible. On a

$$\exp N = I + \frac{1}{2} N + .. \frac{1}{(s-1)!} N^{s-1}$$
$$\exp D = diag(\exp \lambda_1, ... \exp \lambda_n)$$
$$J_n(\lambda) = \lambda I_n + N \Rightarrow \exp J_n(\lambda) = diag(\exp \lambda, ..., \exp \lambda) + \exp N$$
$$A = P \bigoplus_{i=1}^{l} J_i P^{-1} \Rightarrow \exp A = P \left(\bigoplus_{i=1}^{l} (\exp J_i) \right) P^{-1}, J_i \text{ blocs de Jordan}$$

Série d'exercices

Exercice 82 *Résoudre le système différentiel suivant* $\begin{cases} x_1' = x_1 + 4x_2 \\ x_2' = \frac{1}{2} x_1 \end{cases}$

Exercice 83 *Même question pour le système*

$$\left(\begin{array}{c} x_1' \\ x_2' \end{array} \right) = \left(\begin{array}{cc} 5 & 4 \\ -1 & 0 \end{array} \right) \left(\begin{array}{c} x_1 \\ x_2 \end{array} \right).$$

Exercice 84 *Résoudre* $y'' + by' + cy = 0$

Exercice 85 *Résoudre le système des suites récurrentes linéaires donné par*

$$\left(\begin{array}{c} u_n \\ v_n \end{array} \right) = \left(\begin{array}{cc} 1 & 4 \\ \frac{1}{2} & 0 \end{array} \right) \left(\begin{array}{c} u_{n-1} \\ v_{n-1} \end{array} \right), \text{ avec } \left(\begin{array}{c} u_0 \\ v_0 \end{array} \right) = \left(\begin{array}{c} -1 \\ 1 \end{array} \right).$$

Exercice 86 *Donner le terme général de la suite récurrente suivante en fonction de ses premiers termes connus.*

$$x_{n+2} = 4x_{n+1} + 4x_n + 5x_{n-1}, \ n \geq 1, \ avec \ x_0 = 1 = x_1, \ x_2 = 2.$$

Exercice 87 *Soit A une matrice réelle d'ordre 4 telle que*

$$A^3 = 5A - 2I.$$

1. *Déterminer le polynôme caractéristique et le polynôme minimal de A.*

2. *Écrire la forme réduite de Jordan de A.*

3. *En déduire les espaces propres et les espaces caractéristiques de A et leurs dimensions.*

4. *Soit $(u_n)_{n \in \mathbb{N}}$ une suite récurrente linéaire réelle satisfaisant la relation de récurrence*

$$u_{n+3} - 5u_{n+1} + 2u_n = 0,$$

et

$$u_0 = 1, \ u_1 = -1, \ u_2 = 0.$$

Déterminer le terme général u_n en fonction de n et les premiers termes donnés en haut.

5. *Résoudre l'équation differentielle*

$$y^{(3)} - 5y' + 2y = 0.$$

Exercice 88 *Soit la matrice*

$$A = \begin{pmatrix} 1 & 2 & 0 \\ 2 & 1 & 0 \\ 0 & 0 & -1 \end{pmatrix}.$$

1. *Déterminer les droites vectorielles invariantes par A.*

2. *Donner $\exp A$.*

Quelques sujets de contrôles de l'algèbre 3

Contrôle d'algèbre 3 (18 Janvier 2017)

Université Larbi Ben Mhidi, Oum-El-Bouaghi
Faculté SENV, Département de M.I.
Contrôle d'algèbre 3
18 Janvier 2017

Instructions. Nom, prénom et classe doivent être figurés sur la copie. Écrire plus lisiblement avec un stylo bleu ou noir. Toute réponse non justifiée sera considérée nulle. Toute copie mal présentée ne sera pas corrigée.

1. **Exercice.**(a : 5 points, b : 5 points)

    (a) Déterminer le polynôme minimal de la matrice A et sa forme réduite de Jordan.

    $$A = \begin{pmatrix} 3 & 0 & -1 \\ 2 & 4 & 2 \\ -1 & 0 & 3 \end{pmatrix}.$$

    (b) Résoudre le système d'équations différentielles linéaires

    $$\begin{cases} x'(t) &=& 3x(t) - z(t) \\ y'(t) &=& 2x(t) + 4y(t) + 2z(t) \\ z'(t) &=& -x(t) + 3z(t) \end{cases}$$

2 **Exercice.**(a : 1 point, b : 3 points)

    (a) Étant donnée une matrice A d'ordre 3 satisfaisant $A(A - I) = 0$, A est elle diagonalisable ?

    (b) Écrire les formes réduites de Jordan possibles pour la matrice A.

3 **Exercice.**(6 points)

Soit la matrice

$$A = \begin{pmatrix} \lambda & 0 & 0 \\ 1 & \lambda & 0 \\ 0 & 1 & \lambda \end{pmatrix},$$

avec $\lambda \neq 0$. Manipuler la matrice A pour obtenir sa puissance A^n en utilisant la forme réduite de Jordan.

Corrigé type du contrôle d'algèbre 3, 2017

Solution de l'exercice 1

a) $A = \begin{pmatrix} 3 & 0 & -1 \\ 2 & 4 & 2 \\ -1 & 0 & 3 \end{pmatrix}$, polynôme caractéristique $: c(X) = (X-2)(X-4)^2$.

(2 points)

Comme $(A-2I)(A-4I) = 0$, alors, le polynôme minimal $m(x) = (X-2)(X-4)$. (2 points)

Il existe une matrice inversible P, telle que la forme réduite de Jordan est alors

$$P^{-1}AP = J(2,1) \oplus J(4,1) \oplus J(4,1) = \begin{pmatrix} 2 & & \\ & 4 & \\ & & 4 \end{pmatrix} = D. \text{ (1 point)}$$

b) Le système linéaire peut être s'écrit sous la forme

$$X'(t) = AX(t). \text{ (1 point)} \qquad\qquad (1)$$

De la dernière question dans a), la matrice est diagonalisable, donc la matrice de passage P est formée des vecteurs propres associés aux valeurs propres 2 et 4. Cherchons les vecteurs propres, et la matrice de passage P de la base canonique à la base des vecteurs propres : (2 points $= 0.5 + 0.5 + 0.5 + 0.5$)

$$\left\{ V_1 = \begin{pmatrix} 1 \\ -2 \\ 1 \end{pmatrix} \right\} \leftrightarrow 2, \left\{ V_2 = \begin{pmatrix} 0 \\ 1 \\ 0 \end{pmatrix}, V_3 = \begin{pmatrix} -1 \\ 0 \\ 1 \end{pmatrix} \right\} \leftrightarrow 4,$$

$$P = \begin{pmatrix} 1 & 0 & -1 \\ -2 & 1 & 0 \\ 1 & 0 & 1 \end{pmatrix}, P^{-1}AP = D.$$

Ainsi la forme (1) devient

$$X'(t) = AX(t) = PDP^{-1}X(t). \text{ (1 point)}$$

ce qui donne

$$Y' = DY, \text{ avec } X = PY.$$

D'où,

$$Y(t) = \begin{pmatrix} c_1 \exp 2t \\ c_2 \exp 4t \\ c_3 \exp 4t \end{pmatrix}, \text{ avec } c_1, c_2 \text{ et } c_3 \text{ sont des constantes.}$$

Par suite, la solution du système est

$$X(t) = (c_1 \exp 2t) V_1 + (c_2 \exp 4t) V_2 + (c_3 \exp 4t) V_3. \text{ (1 point)}$$

Solution de l'exercice 2

a) On a $A(A - I) = 0 \Rightarrow \exists \, m(x) = X(X - 1)$, tel que $m(A) = 0$. A est diagonalisable car, $m(x)$ est un produit des facteurs linéaires de degré 1.(1 point)

b) Comme la matrice A est d'ordre 3, alors le polynôme caractéristique de A est $c_1(X) = X^2(X - 1)$ ou $c_2(X) = X(X - 1)^2$. Par conséquent, les formes réduites de Jordan possibles sont :

$$J(0,1) \oplus J(0,1) \oplus J(1,1), \text{ ou } J(0,1) \oplus J(1,1) \oplus J(1,1). \quad (2 \text{ points} = 1 + 1)$$

Ainsi, on a respectivement :

$$P^{-1}AP = \begin{pmatrix} 0 & & \\ & 0 & \\ & & 1 \end{pmatrix}, \, P^{-1}AP = \begin{pmatrix} 0 & & \\ & 1 & \\ & & 1 \end{pmatrix}. \quad (1 \text{ point})$$

Solution de l'exercice 3

On prend la matrice transposée de A :

$$A^t = \begin{pmatrix} \lambda & 1 & 0 \\ 0 & \lambda & 1 \\ 0 & 0 & \lambda \end{pmatrix} = J(\lambda, 3). \quad (1 \text{ point})$$

On pose :

$$J(\lambda, 3) = \lambda I_3 + N, \text{ ou } N = \begin{pmatrix} 0 & 1 & 0 \\ 0 & 0 & 1 \\ 0 & 0 & 0 \end{pmatrix}. \quad (1 \text{ point})$$

Alors,

$$\left(A^t\right)^n = (\lambda I_3 + N)^n = \sum_{k=0}^{n} \binom{n}{k} \lambda^{n-k} I \times N^k. \quad (1 \text{ point})$$

D'autre part, on a N est nilpotente d'indice 3, i.e. $N^3 = 0$ et $N^2 \neq 0$.
Alors,

$$\left(A^t\right)^n = \lambda^n I + n\lambda^{n-1} N + \frac{n(n-1)}{2} N^2. \quad (1 \text{ point})$$

$$\left(A^t\right)^n = \begin{pmatrix} \lambda^n & 0 & 0 \\ 0 & \lambda^n & 0 \\ 0 & 0 & \lambda^n \end{pmatrix} + \begin{pmatrix} 0 & n\lambda^{n-1} & 0 \\ 0 & 0 & n\lambda^{n-1} \\ 0 & 0 & 0 \end{pmatrix} + \begin{pmatrix} 0 & 0 & \frac{n(n-1)}{2} \\ 0 & 0 & 0 \\ 0 & 0 & 0 \end{pmatrix}$$

$$= \begin{pmatrix} \lambda^n & n\lambda^{n-1} & \frac{1}{2}n(n-1) \\ 0 & \lambda^n & n\lambda^{n-1} \\ 0 & 0 & \lambda^n \end{pmatrix} \qquad (1 \text{ point})$$

Par suite,

$$A^n = \begin{pmatrix} \lambda^n & 0 & 0 \\ n\lambda^{n-1} & \lambda^n & 0 \\ \frac{1}{2}n(n-1) & n\lambda^{n-1} & \lambda^n \end{pmatrix}. \text{ (1 point)}$$

Contrôle de rattrapage d'algèbre 3 (Mars 2017)

Université Larbi Ben Mhidi, Oum-El-Bouaghi
Faculté SENV, Département de M.I.
Contrôle de rattrapage d'algèbre 3
Mars 2017

Instructions. Nom, prénom et classe doivent être figurés sur la copie. Écrire plus lisiblement avec un stylo bleu ou noir. Toute réponse non justifiée sera considérée nulle. Toute copie mal présentée ne sera pas corrigée.

Exercice 1 (10 points) Soit

$$A = \begin{pmatrix} 2 & -1 & 2 \\ 5 & -3 & 3 \\ -1 & 0 & -2 \end{pmatrix}.$$

a Déterminer $\ker (A + I)$ en déduisant une valeur propre de A.

b À l'aide de $Tr(A)$ et $\det A$, déterminer les autres valeurs propres. A est-elle diagonalisable ?

c Déduire le polynôme caractéristique et la forme réduite de Jordan de A.

d Déduire le polynôme minimal de A (Donc qui calcule le polynôme minimal la réponse sera considérée fausse)

e A est-elle inversible ? Sans calcul, déduire son inverse

Exercice 2 (5 points) Soit une suite récurrente réelle donnée par la relation de récurrence

$$u_{n+2} = 3u_{n+1} - 2u_n, \; u_0 = 1, \; u_1 = 4.$$

À l'aide de la diagonalisation d'une matrice, déterminer le terme général u_n en fonction de u_0 et u_1.

Exercice 3(5 points) Déterminer

$$\exp\left(\begin{pmatrix} 0 & 1 & 0 \\ -4 & 4 & 0 \\ -2 & 1 & 2 \end{pmatrix} \right).$$

Corrigé type du contrôle de rattrapage d'algèbre 3, Mars 2017

Solution de l'exercice 1 (2 points pour chaque question)

a) Détermination de $\ker(A + I)$

$$\ker(A + I) = \left\{ (x, y, z) \in \mathbb{R}^3, (A + I)(x, y, z) = 0 \right\}$$

$$\begin{pmatrix} 3 & -1 & 2 \\ 5 & -2 & 3 \\ -1 & 0 & -1 \end{pmatrix} \begin{pmatrix} x \\ y \\ z \end{pmatrix} = \begin{pmatrix} 0 \\ 0 \\ 0 \end{pmatrix}$$

implique la résolution du système

$$\left\{ \begin{array}{rcl} 3x - y + 2z & = & 0 \\ 5x - 2y + 3z & = & 0 \\ -x - z & = & 0 \end{array} \right. .$$

ce qui donne

$$z = -x = -y,$$

Ainsi

$$\ker(A + I) = vect\{(1, 1, -1)\}$$

Comme $\ker(A + I) \neq \{0\}$, alors -1 est une valeur propre de la matrice A (cela provient de la propriété : λ une valeur propre de $A \Longleftrightarrow \ker(A - \lambda I) \neq \{0\}$).

b) Soient $\lambda_1 = -1$, λ_2, λ_3 les trois valeurs propres de la matrice A, alors on a

$$\begin{array}{rcl} -3 & = & Tr(A) = -1 + \lambda_2 + \lambda_3 \\ -1 & = & \det A = -\lambda_2 \lambda_3. \end{array}$$

Ainsi, nous allons déterminer les racines du polynôme

$$X^2 - (\lambda_2 + \lambda_3) X + (\lambda_2 \lambda_3) = X^2 + 2X + 1 = (X + 1)^2,$$

ce qui donne

$$\lambda_1 = \lambda_2 = \lambda_3 = -1.$$

Comme les valeurs propres ne sont pas distinctes, nous ne savons pas si la matrice est diagonalisable ou non. Pour savoir, il faut chercher les vecteurs propres et s'ils forment une base de $\mathbb{R}^3$ ou non. D'autre part, nous avons déjà vu dans la question a) que $\ker(A + I) = vect\{(1, 1, -1)\}$ ce qui implique que nous avons un seul vecteurs propre de A . Donc la matrice n'est pas diagonalisable.

c) De la question b) en on déduit que le polynôme caractéristique est

$$C\left(X\right) = \left(X - \lambda_1\right)\left(X - \lambda_2\right)\left(X - \lambda_3\right) = \left(X + 1\right)^3.$$

Comme la matrice A n'est pas diagonalisable, alors elle représente une somme directe de bloc de Jordan. Or on a un seul bloc de Jordan $J_3\left(-1\right)$, d'où, la forme réduite de Jordan est

$$P^{-1}AP = J_3\left(-1\right) = \begin{pmatrix} -1 & 1 & 0 \\ 0 & -1 & 1 \\ 0 & 0 & -1 \end{pmatrix},$$

où P est la matrice de passage de la base canonique à la base de Jordan (On a pas demandé de calculer la base de Jordan. Si on demande, il suffet de poser $v_1 = \left(1, 1, -1\right)$ et de calculer les vecteurs généralisés v_2 et v_3 comme suit :

$$\left(A + I\right)v_2 = v_1, \ \left(A + I\right)v_3 = v_2.$$

ce qui donne

$$v_2 = \left(1, 2, 0\right), \ v_3 = \left(0, -1, 0\right)$$

$$P = \begin{pmatrix} 1 & 1 & 0 \\ 1 & 2 & -1 \\ -1 & 0 & 0 \end{pmatrix}$$

d) Comme la matrice A représente un bloc de Jordan d'ordre 3 associé à la valeur propre $\lambda_1 = \lambda_2 = \lambda_3 = -1$, alors le polynôme minimal de A est $M\left(X\right) = C\left(X\right)$.

e) Oui, A est inversible car ses valeurs propres ne sont pas nulles (ou bien, on a déjà vue que $\det A = -1$). Appliquons le théorème de Cayley-Hamilton $C\left(A\right) = 0$, nous obtenons

$$A^3 + 3A^2 + 3A + I = 0,$$

ce qui donne

$$\begin{aligned} A^{-1} &= -A^2 - 3A - 3I \\ &= -\begin{pmatrix} 2 & -1 & 2 \\ 5 & -3 & 3 \\ -1 & 0 & -2 \end{pmatrix}^2 - 3\begin{pmatrix} 2 & -1 & 2 \\ 5 & -3 & 3 \\ -1 & 0 & -2 \end{pmatrix} - \begin{pmatrix} 3 & 0 & 0 \\ 0 & 3 & 0 \\ 0 & 0 & 3 \end{pmatrix} \\ &= \begin{pmatrix} -6 & 2 & -3 \\ -7 & 2 & -4 \\ 3 & -1 & 1 \end{pmatrix} \end{aligned}$$

Solution de l'exercice 2

On pose $v_{n+1} = u_n$, pour tout entier n. Ainsi on obtient $u_0 = 1$, $u_1 = 4$.

$$\begin{cases} u_{n+2} & = & 3u_{n+1} - 2v_{n+1} \\ v_{n+2} & = & u_{n+1} \end{cases}, \text{ et } u_1 = 4, \, v_1 = u_0 = 1 \, . \qquad (5.4)$$

Le système (5.4) se met sous la forme matricielle suivante :

$$\begin{pmatrix} u_{n+2} \\ v_{n+2} \end{pmatrix} = \begin{pmatrix} 3 & -2 \\ 1 & 0 \end{pmatrix} \begin{pmatrix} u_{n+1} \\ v_{n+1} \end{pmatrix},$$

ce qui donne à son tour la relation de récurrence : Pour tout entier n,

$$X_{n+2} = A^{n+1}X_1, \text{ où } A = \begin{pmatrix} 3 & -2 \\ 1 & 0 \end{pmatrix}, \, X_1 = \begin{pmatrix} u_1 \\ v_1 \end{pmatrix} = \begin{pmatrix} 4 \\ 1 \end{pmatrix},$$

Donc on va diagonaliser la matrice A pour obtenir A^{n+2}. Les vecteurs propres et les valeurs propres de A sont

$$\left\{ \begin{pmatrix} 1 \\ 1 \end{pmatrix} \right\} \leftrightarrow 1, \left\{ \begin{pmatrix} 2 \\ 1 \end{pmatrix} \right\} \leftrightarrow 2.$$

Ainsi nous avons

$$A = PDP^{-1} = P \begin{pmatrix} 1 & 0 \\ 0 & 2 \end{pmatrix} P^{-1}, \text{ où } P = \begin{pmatrix} 1 & 2 \\ 1 & 1 \end{pmatrix}.$$

Par conséquent,

$$\begin{aligned} X_{n+2} & = \left(\begin{pmatrix} 1 & 2 \\ 1 & 1 \end{pmatrix} \begin{pmatrix} 1 & 0 \\ 0 & 2^{n+1} \end{pmatrix} \begin{pmatrix} -1 & 2 \\ 1 & -1 \end{pmatrix} \right) \begin{pmatrix} 4 \\ 1 \end{pmatrix} \\ & = \begin{pmatrix} 2^{n+2} - 1 & 2 - 2^{n+2} \\ 2^{n+1} - 1 & 2 - 2^{n+1} \end{pmatrix} \begin{pmatrix} 4 \\ 1 \end{pmatrix} = \begin{pmatrix} 3 \times 2^{n+2} - 2 \\ 3 \times 2^{n+1} - 2 \end{pmatrix}, \end{aligned}$$

ce qui donne

$$u_{n+2} = 3 \times 2^{n+2} - 2 \implies u_n = 3 \times 2^n - 2.$$

Vérification :

$$\begin{aligned} u_0 & = 3 \times 2^0 - 2 = 3 - 2 = 1, \\ u_1 & = 3 \times 2^1 - 2 = 6 - 2 = 4. \end{aligned}$$

Solution de l'exercice 3 Suivez la même méthode de la solution de l'exercice 2, Contrôle d'algèbre 3 (15 Janvier 2018).

Contrôle d'algèbre 3 (15 Janvier 2018)

Université Larbi Ben Mhidi, Oum-El-Bouaghi
Faculté SENV, Département de M.I.
Contrôle d'algèbre 3
15 Janvier 2018

Instructions. Nom, prénom et classe doivent être figurés sur la copie. Écrire plus lisiblement avec un stylo bleu ou noir seulement. Toute réponse non justifiée sera considérée nulle. Toute copie mal présentée ne sera pas corrigée.

Exercice 1 (2 points à chaque question) Soit

$$M = \begin{pmatrix} 1 & 0 & 1 & 1 & 2 \\ 0 & 2 & 0 & -1 & 0 \\ -1 & 0 & -1 & 0 & 1 \\ 0 & 0 & 0 & 1 & 1 \\ 0 & 0 & 0 & 0 & 1 \end{pmatrix}.$$

1. Déterminer le polynôme caractéristique de M.

2. Peut-on Appliquer le lemme des noyaux ?

3. En déduire les sous-espaces invariants de M.

4. Déterminer le polynôme minimal De M.

5. En déduire La forme réduite de Jordan de M (sans calculer la matrice de passage).

6. En déduire les dimensions des sous-espaces propres de M.

7. Déterminer $M + M^{15} + M^{2018}$.

Exercice 2 (6 points) Déterminer l'exponentielle de la matrice

$$A = \begin{pmatrix} 1 & 0 & 1 \\ 0 & 2 & 0 \\ -1 & 0 & -1 \end{pmatrix}.$$

Solution du contrôle d'algèbre 3, 2018

Je note d'abord que le corrigé type contient des explications pour les étudiants afin de comprendre mieux. (Le but n'est pas de donner un corrigé type de l'examen pour que les étudiants sachent leurs erreurs seulement mais aussi de les aider à réviser leurs cours).

Solution de l'exercice 1 (2 points pour chaque question).

$$M = \begin{pmatrix} 1 & 0 & 1 & 1 & 2 \\ 0 & 2 & 0 & -1 & 0 \\ -1 & 0 & -1 & 0 & 1 \\ 0 & 0 & 0 & 1 & 1 \\ 0 & 0 & 0 & 0 & 1 \end{pmatrix}.$$

1. Le polynôme caractéristique de M. Mettons la matrice M en blocs $\begin{pmatrix} A & B \\ 0 & C \end{pmatrix}$, où $A = \begin{pmatrix} 1 & 0 & 1 \\ 0 & 2 & 0 \\ -1 & 0 & -1 \end{pmatrix}$, $B = \begin{pmatrix} 1 & 2 \\ -1 & 0 \\ 0 & 1 \end{pmatrix}$,

$$\begin{aligned} c(X) &= \det(XI_5 - M) = \det(XI_3 - A)\det(XI_2 - C) \\ &= X^2(X-2)(X-1)^2. \end{aligned}$$

2. Oui nous pouvons appliquer le lemme des noyaux en prenant

$$P(X) = c(X), \, P_1(X) = X^2, \, P_2(X) = (X-2), \, P_3(X) = (X-1)^2.$$

Ainsi,
$$p\gcd(P_1(X), P_2(X), P_3(X)) = 1.$$

Par le théorème de Cayley-Hamilton, on a $c(M) = 0$, ce qui donne
$$E = \ker P_1(M) \oplus \ker P_2(M) \oplus \ker P_3(M).$$

Nous pouvons aussi prendre deux polynômes seulement, par exemple $P_1(X)$ et $Q(X) = P_2(X)P_3(X)$ (ou les autres possibilités $P_2(X)$ et $Q(X) = P_1(X)P_3(X)$, $P_3(X)$ et $Q(X) = P_1(X)P_2(X)$). Dans ces cas, E sera la somme directe de deux sous-espaces invariants relativement aux polynômes choisis.

3. Les sous espaces invariants de M sont en plus de l'espace entier E et l'espace trivial $\{0\}$ sont $\ker P_1(M)$, $\ker P_2(M)$ et $\ker P_3(M)$.

4. Le polynôme minimal de M, le polynôme minimal doit contenir tous les facteurs de $c(X)$ avec des multiplicités minimales. Après le calcul, on a
$$m(X) = c(X).$$

5. La forme réduite de Jordan de M (à un ordre près des blocs)

$$P^{-1}MP = J_2(0) \oplus J_1(2) \oplus J_2(1) = \begin{pmatrix} 0 & 1 & & & \\ 0 & 0 & & & \\ & & 2 & & \\ & & & 1 & 1 \\ & & & 0 & 1 \end{pmatrix} = J.$$

6. Les valeurs propres sont $0, 2, 1$, d'où les espaces propres sont $\ker M$, $\ker(M - 2I_5)$, $\ker(M - I_5)$.

Comme à chaque valeur propre nous avons un seul bloc de Jordan associé, alors nous déduisons que les dimensions des sous-espaces propres de M sont

$$\dim \ker M = 1, \ \dim \ker(M - 2I_5) = 1, \ \dim \ker(M - I_5) = 1.$$

7.
$$M + M^{15} + M^{2018} = P\left(J + J^{15} + J^{2018}\right)P^{-1}.$$

Donc, il suffet de déterminer J^{15} et J^{2017}, on a $J_2(0)$ est nilpotent d'indice 2, d'où $\left(J_2(0)\right)^{15} = 0$. Pour tout entier k, nous avons

$$\begin{pmatrix} 1 & 1 \\ 0 & 1 \end{pmatrix}^k = \begin{pmatrix} 1 & k \\ 0 & 1 \end{pmatrix}.$$

Par conséquent,

$$\begin{aligned} M^{15} &= \left(J_2(0)\right)^{15} \oplus \left(J_1(2)\right)^{15} \oplus \left(J_2(1)\right)^{15} \\ &= \begin{pmatrix} 0 & 0 & & & \\ 0 & 0 & & & \\ & & 2^{15} & & \\ & & & 1 & 15 \\ & & & 0 & 1 \end{pmatrix}, \end{aligned}$$

$$M^{2018} = \begin{pmatrix} 0 & 0 & & & \\ 0 & 0 & & & \\ & & 2^{2018} & & \\ & & & 1 & 2018 \\ & & & 0 & 1 \end{pmatrix}.$$

$$M + M^{15} + M^{2018} = P\left(\begin{pmatrix} 0 & 1 & & & \\ 0 & 0 & & & \\ & & 2 + 2^{15} + 2^{2018} & & \\ & & & 3 & 2034 \\ & & & 0 & 3 \end{pmatrix}\right)P^{-1}.$$

Solution de l'exercice 2 6 points.

Déterminons e^A, où $A = \begin{pmatrix} 1 & 0 & 1 \\ 0 & 2 & 0 \\ -1 & 0 & -1 \end{pmatrix}$.

Il suffet de donner e^A en fonction de la matrice de passage P. (ce n'est pas necissaire de calculer P)

Remarquons d'abord que la matrice A est le premier bloc de la matrice M dans l'exercice 1. Donc nous avons le polynôme caractéristique

$$c_A(X) = X^2(X - 2)$$

Alors les valeurs propres sont $\lambda_1 = \lambda_2 = 0$ et $\lambda_3 = 2$. Le polynôme minimal est $m(X) = c(X)$. Ainsi la forme réduite de Jordan de A est

$$A = P(J_2(0) \oplus J_1(2))P^{-1} = P \begin{pmatrix} 0 & 1 & \\ 0 & 0 & \\ & & 2 \end{pmatrix} P^{-1}.$$

Par suite

$$e^A = P\left(e^{J_2(0)} \oplus e^2\right)P^{-1}.$$

Utilisons l'exponentielle $e^x = \sum_{n=0}^{\infty} \frac{1}{n!}x^n$ et du fait que $J_2(0)$ est nilpotent d'indice 2, nous avons

$$e^{J_2(0)} = I_2 + J_2(0) = \begin{pmatrix} 1 & 1 \\ 0 & 1 \end{pmatrix}.$$

Ainsi

$$e^A = P \begin{pmatrix} 1 & 1 & \\ 0 & 1 & \\ & & e^2 \end{pmatrix} P^{-1}.$$

Deuxième partie

Formes bilinéaires et formes quadratiques, orthogonalité

Préface

Dans toute la partie, on désigne par E un espace vectoriel sur un corps $\mathbb{K}$ de dimension finie n (sauf exception), où $\mathbb{K}$ est le corps des réels ou les complexes. Cette partie est constituée de quatre chapitres. Le premier chapitre (qui est le sixième chapitre du livre) est sur les formes linéaires, c'est donc un chapitre introductif aux notions et outils des formes bilinéaires. Le deuxième (le septième pour le livre) traite l'orthogonalité et quelques résultats relatifs aux formes bilinéaires et forme quadratiques. Le troisième chapitre (huitième pour le livre) traite la réduction des formes quadratiques, c'est donc la réduction des endomorphismes symétriques (matrices symétriques) on indiquant le lien entre ce chapitre et la première partie du livre. Le chapitre quatre (chapitre neuf pour le livre) est destiné aux notions de l'espace Euclidien. Chaque chapitre est terminé par une série des exercices.

Chapitre 6

Formes linéaires, dualité

Itroduction

Rappelons que l'ensemble des applications linéaires d'un espace vectoriel E dans un espace vectoriel F sur le même corps $\mathbb{K}$ est un espace vectoriel sur $\mathbb{K}$ noté $\ell(E, F)$. Il est de dimension $\dim E \times \dim F$ et isomorphe à l'espace des matrices $M_{\dim F \times \dim E}(\mathbb{K})$. Les formes linéaires sont des types particuliers des applications linéaires. Ils portent parfois également le nom de covecteur, comme ils ont une grande importance dans la décomposition des formes quadratiques en sommes des carrées, en d'autre terme la présentation par la forme diagonale.

Définition 89 *Une forme linéaire est une application linéaire de l'espace vectoriel E dans le corps $\mathbb{K}$ (vu comme espace vectoriel sur lui-même), son noyau s'appelle un hyperplan .*

Du théorème des dimensions et la définition précédente, on résulte qu'une forme linéaire est soit nulle soit surjective. Dans le deuxième cas, son noyau est supplémentaire d'une droite vectorielle.

Exemple 90 *La trace est une forme linéaire sur l'espace des matrices carrées d'ordre n. On en déduit que le sous espace des matrices de trace nulle est un hyperplan, d'où la dimension est égale à $n^2 - 1$. Ainsi son supplémentaire est un sous espace des matrices scalaires.*

Définition 91 *L'espace des formes linéaires $\ell(E, \mathbb{K})$ s'appelle l'espace dual de E, noté E^*.*

Représentation matricielle

Soit $\{v_1, \cdots, v_n\}$ une base de E, et $\varphi \in E^*$. Alors la matrice représentant φ dans cette base est une matrice ligne $1 \times n$ à coefficients $\varphi(v_i) \in \mathbb{K}$. En effet, soit

$$x = x_1 v_1 + \cdots + x_n v_n \ \Rightarrow \ \varphi(x) = x_1 \varphi(v_1) + \cdots + x_n \varphi(v_n)$$

ce qui donne

$$\varphi(x) = \begin{pmatrix} \varphi(v_1) & \cdots & \varphi(v_n) \end{pmatrix} \begin{pmatrix} x_1 \\ \vdots \\ x_n \end{pmatrix},$$

d'où nous pouvons conclure que toute matrice de rang 1 peut être identifie à une forme linéaire.

Bases duale et antéduale

De la définition 91 et la représentation matricielle, il est claire que E et E^* sont isomorphes car ils ont la même dimension. Si $\{v_1, \cdots, v_n\}$ une base de E, alors il existe $\{\varphi_1, \cdots, \varphi_n\}$ une base de E^*.

Théorème 92 *Pour toute base $\{v_1, \cdots, v_n\}$ de E, il existe l'unique base $\{\varphi_1, \cdots, \varphi_n\}$ de E^* satisfaisant la condition : $\varphi_i(v_j) = \delta_{ij}$ s'appelle la base duale de la base $\{v_1, \cdots, v_n\}$, souvent notée $\{v_1^*, \cdots, v_n^*\}$.*

Preuve. Une forme linéaire est entièrement déterminée par l'image de chaque vecteur de la base $\{v_1, \cdots, v_n\}$ de E. Ainsi pour chaque i fixé, les n équations $\varphi_i(v_j) = \delta_{ij}$, $j = \overline{1, n}$ définissent de façon unique la forme φ_i.

Maintenant montrons que $\{\varphi_1, \cdots, \varphi_n\}$ est une base de E^*. Comme E^* a la même dimension que E, il suffit de montrer que les n formes sont libres.

Soit

$$\alpha_1 \varphi_1 + \cdots + \alpha_n \varphi_n = 0,$$

alors, pour tout $j = \overline{1, n}$, on a

$$\begin{aligned} 0 &= (\alpha_1 \varphi_1 + \cdots + \alpha_n \varphi_n)(v_j) \\ &= \alpha_1 \varphi_1(v_j) + \cdots + \alpha_j \varphi_j(v_j) + \cdots + \alpha_n \varphi_n(v_j) \\ &= \alpha_1 \cdot 0 + \cdots + \alpha_j \cdot 1 + \cdots + \alpha_n \cdot 0 = \alpha_j \end{aligned}$$

(En d'autre manière, de l'isomorphisme entre E et E^*, à chaque v_i de la base de E on correspond l'unique φ_i de la base de E^*). ∎

De ce qui précède, pour $x = x_1 v_1 + \cdots + x_n v_n \in E$, on a $v_i^*(x) = x_i$, ce qui donne

$$x = v_1^*(x) v_1 + \cdots + v_n^*(x) v_n$$

Pour $\varphi = \alpha_1 v_1^* + \cdots + \alpha_n v_n^* \in E^*$, alors d'une part,

$$\varphi(x) = \alpha_1 v_1^*(x) + \cdots + \alpha_n v_n^*(x).$$

D'autre part,

$$\varphi(x) = v_1^*(x)\varphi(v_1) + \cdots + v_n^*(x)\varphi(v_n)$$

De l'unicité de l'écriture, on résulte que,

$$\alpha_i = \varphi(v_i), \; i = \overline{1, n}.$$

Ainsi on a le corollaire suivant :

Corollaire 93 *Les coordonnées d'un vecteur $x \in E$ et son dual $x^* \in E^*$ dans la base de E et la base duale sont*

$$x = \begin{pmatrix} v_1^*(x) \\ \vdots \\ v_n^*(x) \end{pmatrix}, \; \varphi = \begin{pmatrix} \varphi(v_1) \\ \vdots \\ \varphi(v_n) \end{pmatrix}$$

Exemple 94 *La base canonique de l'espace des matrices d'ordre 2 à trace nulle est* $\left\{ e_1 = \begin{pmatrix} 1 & 0 \\ 0 & -1 \end{pmatrix}, e_2 = \begin{pmatrix} 0 & 1 \\ 0 & 0 \end{pmatrix}, e_3 = \begin{pmatrix} 0 & 0 \\ 1 & 0 \end{pmatrix} \right\}$.

Ainsi la base duale est $\{e_1^*, e_2^*, e_3^*\}$ *telle que* $e_i^* \begin{pmatrix} a_{11} & a_{12} \\ a_{13} & -a_{11} \end{pmatrix} = a_{1i}$, $i = 1, 2, 3$. *D'où on peut présenter une matrice à trace nulle A par ses formes coordonnées dans la base canonique sous forme d'un vecteur colonne à 3 coordonnées*

$$A = \begin{pmatrix} e_1^*(A) \\ e_2^*(A) \\ e_3^*(A) \end{pmatrix}$$

Comme on peut représenter une forme linéaire φ sur l'espace des matrices à trace nulle dans la base duale par un vecteur ligne de 3 coordonnées

$$\varphi = \begin{pmatrix} \varphi(e_1) & \varphi(e_2) & \varphi(e_3) \end{pmatrix}$$

Par exemple, si $\varphi = trace$, alors, $\varphi = \begin{pmatrix} 0 & 0 & 0 \end{pmatrix}$ est la forme nulle sur l'espace des matrices à trace nulle. C'est la restriction de la trace sur l'espace des matrices carrées à son noyau.

Exemple 95 *Si* $A \in GL_n(\mathbb{K})$, *alors ses colonnes forment une base de* $\mathbb{K}^n$. *La base duale est donnée par les lignes de son inverse.*

En effet, soit $A = \begin{pmatrix} C_1 & \cdots & C_i & \cdots & C_n \end{pmatrix}$ *et* $A^{-1} = \begin{pmatrix} L_1 \\ \vdots \\ L_i \\ \vdots \\ L_n \end{pmatrix}$.

De l'égalité $A^{-1}A = I_n$, *on en déduit que* $L_i(C_j) = \delta_{ij}$. *i.e.* $L_i = C_i^*$, $i = \overline{1,n}$. *Ainsi que les* C_i *forment une base antéduale de la base des* L_i. *Donc pour trouver la base antéduale de la base duale, on construit une matrice lignes de la base duale donnée. Ensuite on calcule son inverse. Les colonnes de l'inverse forment la base antéduale.*

L'orthogonalité pour la dualité

Soit F et F^* des sous espaces vectoriels de E et E^* respectivement. Nous laissons aux étudiants de vérifier que les ensembles

$$F^\perp = \{\varphi \in E^*, \forall v \in F, \varphi(v) = 0\}$$
$$(F^*)^\perp = \{v \in E, \forall \varphi \in F^*, \varphi(v) = 0\}$$

sont des sous espaces vectoriel de E^* et E respectivement.

Définition 96 *Soit* F *et* F^* *des sous espaces vectoriels de* E *et* E^* *respectivement. l'espace* $F^\perp$ *(resp* $(F^*)^\perp$*) s'appelle l'orthogonal de* F *(resp* F^**) pour la dualité.*

Le sous-espace de $\mathbb{K}^n$ des solutions d'un système linéaire homogène est l'orthogonal des formes linéaires définissant ce système, par exemple, étant donné le système

$$\begin{cases} x_1 + 2x_2 - x_3 = 0 \\ 2x_1 - x_2 + x_4 = 0 \\ x_3 + x_4 = 0 \end{cases}$$

Alors $(F^*)^\perp = \{(3x, x, 5x, -5x), x \in \mathbb{R}\}$ est l'orthogonal de $F^* = \{\varphi_1, \varphi_2, \varphi_3\}$ où les φ_i sont les lignes de la matrice du système. Remarquons que $\dim F^* + \dim(F^*)^\perp = \dim E = 4$. Ainsi on peut citer le théorème suivant :

Théorème 97 *Soit* F *un sous espace vectoriel de* E. *Alors*

$$\dim F + \dim F^\perp = \dim E.$$

(la même propriété est vraie en échangeant les rôles de E *et de* E^**).*

En effet, le théorème est un résultat immédiat des solutions d'un système linéaire de p équations à n inconnues. L'espace des solutions est de dimension égale à $n - p$.

Séries des exercices

Exercice 98 *(Interpolation de Lagrange) Soit $\mathbb{R}_n[X]$ l'espace vectoriel des polynômes réels de degré $\leq n$. Soient $a_0, \ldots, a_{n+1}$ nombres réels distincts.*

   1. Montrer que l'ensemble des polynômes $\{L_0, ..., L_n\}$ où

$$L_i = \prod_{j \neq i} \frac{X - a_j}{a_i - a_j}, \ i = 0, \ldots, n$$

   est une base de $\mathbb{R}_n[X]$.

   2. Montrer que les formes linéaires $P \mapsto P(a_i)$ pour $i = 0, \ldots, n$ forment une base de $(\mathbb{R}_n[X])^*$, duale de la base $\{L_0, ..., L_n\}$.

Exercice 99 *Soient $a_0, \ldots, a_n \in \mathbb{R}$ deux à deux distincts et $\varphi_0, \ldots, \varphi_n$ les formes linéaires sur $E = \mathbb{R}_n[X]$ déterminées par $\varphi_i(P) = P(a_i)$. Montrer que la famille $\{\varphi_0, ..., \varphi_n\}$ est une base du dual de E et déterminer sa base antéduale.*

   1. Déduire le même résultat pour $\varphi_i(P) = P(i)$ pour $i = \overline{0, n}$.

   2. Même question pour les φ_i définies par

$$\varphi_i(P) = \int_0^1 x^i P(x)\, dx$$

   et donner la base antéduale pour $n = 2$.

   3. Meme question pour $n = 2$ et les φ_i définies par

$$\varphi_0(P) = P(1), \ \varphi_1(P) = P'(1), \ \varphi_2(P) = \int_0^1 P(x)\, dx$$

Chapitre 7

Les formes bilinéaires et les formes quadratiques

Introduction

La notion de forme bilinéaire est définie sur les espaces vectoriels, se sont des cas particuliers des applications bilinéaires sur un produit cartésien de deux espaces vectoriels dans un espace vectoriel (où tous les espaces intervenus sont définis sur le même corps). Ces formes sont intimement liées aux applications linéaires. Le savoir associé à ces dernières permet d'éclairer la structure d'une forme bilinéaire. Certaines formes bilinéaires sont de plus des produits scalaires. Les produits scalaires (sur les espaces vectoriels de dimension finie ou infinie) sont très utilisés, dans toutes les branches mathématiques, pour définir une distance.

La physique classique, relativiste ou quantique utilise ce cadre formel. La géométrie utilise le produit scalaire pour définir la distance, l'orthogonalité, l'angle, ...La théorie des nombre utilise les formes quadratiques pour démontrer ou résoudre certaines problèmes purement algébriques. Parfois, reliant les branches mathématiques, comme la théorie des nombres et la géométrie algébrique, comme la recherche des solutions d'une équation diophantienne. Certaines d'entre elles s'écrivent comme la recherche des racines d'une équation polynomiale à plusieurs variables et à coefficients entiers. Les solutions recherchées sont celles qui s'expriment uniquement avec des nombres entiers. Un exemple célèbre et difficile est le grand théorème de Fermat. L'équation s'écrit $x^n + y^n = z^n$ (pour $n = 2$, les solutions sont les triplets pythagoriciens, qu'on appelle le théorème des deux carrés de Fermat). Les solutions peuvent être vues comme des points d'intersection entre $\mathbb{Z}^3$ et une surface d'un espace géométrique de dimension trois. Pour être compatible avec le programme ministériel, nous nous limitons aux formes bilinéaires sur un espace vectoriel de dimension finie (c. à. d. le produit cartésien d'un espace vectoriel dans lui-même), en particulier, les formes quadratiques prises sont celles des formes bilinéaires symétriques.

Les formes bilinéaires

Définition 100 *Une forme bilinéaire φ est une application*

$$\varphi : E \times E \longrightarrow \mathbb{K}$$

satisfaisant les conditions suivantes :

1. $\forall x,\, y,\, x',\, y' \in E$,

$$\begin{aligned} \varphi\left(x + x', y\right) &= \varphi\left(x, y\right) + \varphi\left(x', y\right) \\ &\text{et} \\ \varphi\left(x, y + y'\right) &= \varphi\left(x, y\right) + \varphi\left(x, y'\right). \end{aligned}$$

2. $\forall x,\, y \in E,\, \forall \lambda \in \mathbb{K}$,

$$\varphi\left(\lambda x, y\right) = \lambda \varphi\left(x, y\right) = \varphi\left(x, \lambda y\right).$$

Si de plus $\forall x,\, y \in E,\, \varphi\left(x, y\right) = \varphi\left(y, x\right)$, on dit que la forme est symétrique. La forme bilinéaire est dite alternée (anti-symétriques), si

$$\forall x,\, y \in E,\, \varphi\left(x, y\right) = -\varphi\left(y, x\right),$$

Remarquer que la symétrie permet de ne vérifier la linéarité que d'un seul côté..

Exemple 101 *Déterminer les formes bilinéaires et les formes bilinéaires symétriques parmi les applications suivantes :*

1. $\varphi : \mathbb{K} \times \mathbb{K} \longrightarrow \mathbb{K},\, \varphi\left(x, y\right) = xy$.

2. $\varphi : \mathbb{K} \times \mathbb{K} \longrightarrow \mathbb{K},\, \varphi\left(x, y\right) = x + y$.

3. $\varphi : \mathbb{K}^2 \times \mathbb{K}^2 \longrightarrow \mathbb{K},\, \forall x = (x_1, x_2),\, y = (y_1, y_2) \in \mathbb{K}^2$,

$$\varphi\left(x, y\right) = x_1 y_2 + x_2 y_2.$$

4. $\varphi : \mathbb{K}^2 \times \mathbb{K}^2 \longrightarrow \mathbb{K}$, $\forall x = (x_1, x_2)$, $y = (y_1, y_2) \in \mathbb{K}^2$,

$$\varphi(x, y) = x_1 y_2 + x_2 y_1.$$

5. $\varphi : \mathbb{K}^2 \times \mathbb{K}^2 \longrightarrow \mathbb{K}$, $\forall x = (x_1, x_2)$, $y = (y_1, y_2) \in \mathbb{K}^2$,

$$\varphi(x, y) = x_1 + y_2 + x_2 y_2.$$

Réponse : Appliquons la définition précédente, nous avons la première et la quatrième sont des formes bilinéaires symétriques tandis que la troisième est une forme bilinéaire non symétrique, par contre, la deuxième et la cinquième ne sont pas bilinéaires.

D'après l'exemple précédant, nous pouvons nous interroger s'il existe un moyen plus facile pour connaitre les formes bilinéaires à partir de son apparence ? La réponse st affirmative. Dans ce qui suit nous allons chercher une expression algébrique pour une forme bilinéaire, ainsi, il suffit de comparer une forme donnée avec cette expression dans la même base.

L'expression algébrique d'une forme bilinéaire et la matrice associée

Soit φ une forme bilinéaire sur un espace vectoriel E muni d'une base $\{v_1, \cdots, v_n\}$. Alors, pour i, $j = \overline{1, n}$, nous avons $\varphi(v_i, v_j) \in \mathbb{K}$. Ainsi il existe une matrice $(\varphi(v_i, v_j))_{n \times n} \in M(n, \mathbb{K})$ s'appelle la matrice associée à φ dans la base indiquée. D'autre part, $\forall x$, $y \in E$, $\exists x_1, \ldots, x_n, y_1, \ldots, y_n \in \mathbb{K}$, tels que

$$x = x_1 v_1 + \cdots + x_n v_n, \, y = y_1 v_1 + \cdots + y_n v_n$$

Appliquons la linéarité plusieurs fois aux deux côtés, nous obtenons la double somme suivante

$$\varphi(x, y) = \sum_{i,j=1}^{n} \varphi(v_i, v_j) x_i y_j \qquad (7.1)$$

L'expression 7.1 s'appelle l'expression algébrique de φ, ou plus souvent dite expression en coordonnées. Ainsi les termes de la somme dont on définit φ ne contiennent que des produits mixtes $x_i y_j$ avec des coefficients dans $\mathbb{K}$. Comme on peut ecrire l'expression 7.1 sous forme matricielle :

$$\varphi(x, y) = x^\top A y, \text{ où } A = (\varphi(v_i, v_j))_{n \times n}.$$

La matrice $A = (\varphi(v_i, v_j))_{n \times n}$ s'appelle la matrice de *Gram*.

Posons $\varphi(v_i, v_j) = a_{ij}$ pour $i, j = \overline{1, n}$. Si on change la base de E à la base $\{u_1, \cdots, u_n\}$, alors pour tous k, $l = \overline{1, n}$, on obtient

$$u_k = p_{1k}v_1 + \cdots + p_{nk}v_n, \ u_l = p_{1l}v_1 + \cdots + p_{nl}v_n$$

Par suite, de la même manière précédente, nous obtenons

$$\varphi(u_k, u_l) = \sum_{i,j=1}^{n} a_{ij}p_{ik}p_{jl} = \sum_{i,j=1}^{n} p'_{ki}a_{ij}p_{jl}, \text{ où } p'_{ki} = p_{ik}$$

Ainsi, la matrice $B = (\varphi(u_k, u_l))_{n \times n}$ associée à φ dans la nouvelle base est donnée par

$$B = P^T A P.$$

Exemple 102 *Donner la matrice associée à la forme bilinéaire φ définie sur $\mathbb{R}^3$ par $\varphi(x, y) = x_1 y_2 + x_2 y_3 + x_3 y_3$.*

Soit $\{v_1 = (1, 1, -1), v_2 = (1, -1, 0), v_3 = (0, 1, 1)\}$ une base de $\mathbb{R}^3$. Calculer la matrice associée à φ dans cette base par deux méthodes différentes.

Réponse :

1. *Méthode directe : On pose $b_{ij} = \varphi(v_i, v_j)$ pour $i, j = 1, 2, 3$. Ainsi on obtient*

$$
\begin{aligned}
b_{11} &= \varphi(v_1, v_1) = 1 \times 1 + 1 \times (-1) + (-1) \times \times (-1) = 1 \\
b_{12} &= \varphi(v_1, v_2) = 1 \times (-1) + 1 \times 0 + (-1) \times 0 = -1 \\
b_{13} &= \varphi(v_1, v_2) = 1 \times 1 + 1 \times 1 + (-1) \times 1 = 1
\end{aligned}
$$

De la même manière nous obtenons les restes des lignes de la matrice. D'où $B = \begin{pmatrix} 1 & -1 & 1 \\ 2 & -1 & 0 \\ -2 & 0 & 2 \end{pmatrix}$.

2. *Méthode indirecte ; utilisons la matrice A associée à φ dans la base canonique et la matrice P de passage à la nouvelle base.*

$$P = \begin{pmatrix} 1 & 1 & 0 \\ 1 & -1 & 1 \\ -1 & 0 & 1 \end{pmatrix}, \ A = \begin{pmatrix} 0 & 1 & 0 \\ 0 & 0 & 1 \\ 0 & 0 & 1 \end{pmatrix}$$

D'où,

$$
\begin{aligned}
P^T A P &= \begin{pmatrix} 1 & 1 & -1 \\ 1 & -1 & 0 \\ 0 & 1 & 1 \end{pmatrix} \begin{pmatrix} 0 & 1 & 0 \\ 0 & 0 & 1 \\ 0 & 0 & 1 \end{pmatrix} \begin{pmatrix} 1 & 1 & 0 \\ 1 & -1 & 1 \\ -1 & 0 & 1 \end{pmatrix} \\
&= \begin{pmatrix} 1 & -1 & 1 \\ 2 & -1 & 0 \\ -2 & 0 & 2 \end{pmatrix} = B
\end{aligned}
$$

Si la forme bilinéaire donnée est symétrique, alors la matrice associée est symétrique dans n'importe quelle base, car pour une base $\{v_1, \cdots, v_n\}$ de E, on a

$$b_{ij} = \varphi(v_i, v_j) = \varphi(v_j, v_i) = b_{ji}$$

ce qui permet de calculer la moitie des coefficients seulement.

Les matrices congruantes

Définition 103 *Les matrices qui représentent la même forme bilinéaire dans différentes bases sont dites congruentes.*

Nous laissons aux étudiants de vérifier la proposition suivante :

Proposition 104 *La relation "congruente à" dans l'ensemble des matrices carrées est une relation d'équivalence.*

Les classes d'équivalence des matrices symétriques sont données par la classification des formes quadratiques dans le chapitre prochain.

Les forme bilinéaire et dualité

Soit $\varphi : E \times E \longrightarrow \mathbb{K}$ une forme bilinéaire. Pour tout $y \in E$, l'application

$$\begin{aligned}\varphi(\cdot, y) \quad &: \quad E \longrightarrow \mathbb{K} \\ x \quad &\mapsto \quad \varphi(x, y)\end{aligned}$$

est une forme linéaire sur $\mathbb{K}$, c'est à dire un élément du dual E^*. Par conséquent, Pour tout $y \in E$, on peut définir une application linéaire à droite d_φ

$$\begin{aligned}d_\varphi \quad &: \quad E \longrightarrow E^* \\ y \quad &\mapsto \quad d_\varphi(y) = \varphi(\cdot, y)\end{aligned}$$

La linéarité de d_φ découle directement de la linéarité de φ. De la même manière on définit l'application linéaire à gauche. $g_\varphi(x) = \varphi(x, \cdot)$.

Définition 105 *Les noyaux des applications d_φ et g_φ définies en haut s'appellent noyau à droite et noyau à gauche respectivement. Si la forme bilinéaire φ est symétrique, alors l'application à droite et à gauche sont les mêmes et nous les notons par Φ_φ, ainsi le noyau à droite et le noyau à gauche sont les même et égaux à $\ker \Phi_\varphi$.*

Remarque 106 *De ce qui précède, pour une forme bilinéaire quelconque, les noyaux à gauche et à droite sont donnés par*

$$\ker g_\varphi = \{x \in E, \forall y \in E, \varphi(x, y) = 0\},$$
$$\ker d_\varphi = \{y \in E, \forall x \in E, \varphi(x, y) = 0\}.$$

*Soit $A = (a_{ij})_{n \times n}$ la matrice associée à φ et $x_1, ..., x_n, y_1, ..., y_n$ dé-
signent les coordonnées de x et y dans une base donnée. Alors de l'ex-
pression algébrique de φ, on a $\forall y \in E$,*

$$\varphi(x, y) = (a_{11}x_1 + \cdots a_{n1}x_n) y_1 + \cdots (a_{1n}x_1 + \cdots a_{nn}x_n) y_n = 0$$

est équivalente à

$$\left\{ \begin{array}{c} a_{11}x_1 + \cdots a_{n1}x_n = 0 \\ \vdots \\ a_{1n}x_1 + \cdots a_{nn}x_n = 0 \end{array} \right. \Leftrightarrow A^T x = 0 \Leftrightarrow x \in \ker A^T$$

*Ainsi, cherchons le noyau à gauche revient de chercher le noyau de
la transposée de la matrice associée à φ. Procédons de la même façon,
nous avons le noyau à droite est le noyau de la matrice associée.*

Dans ce qui suit nous nous limitons aux formes bilinéaires symétriques.

Le rang d'une forme bilinéaire symétrique, forme non dégénérée

Définition 107 *Si le noyau de la forme bilinéaire φ est réduit à $\{0\}$,
la forme est dite non dégénérée. Le rang de la forme bilinéaire φ est le
rang de l'application d_φ (qui est égale aussi à g_φ), c'est donc le rang de
la matrice associe à φ dans une base de E.*

Comme E est de dimension finie, ainsi les formes bilinéaires non
dégénérées sont celles correspondantes aux matrices inversibles, ce qui
est équivalent à d_φ est bijective, c.-à-d. pour toute forme linéaire $f \in
E^*$, il existe un unique $y \in E$, $d_\varphi(y) = f$, tel que $\forall x \in E$, $f(x) =
\varphi(x, y)$.

L'orthogonalité pour une forme bilinéaire symétrique

Définition 108 *Soient F un sous espace vectoriel de E et φ une forme
bilinéaire symétrique sur E. L'orthogonal de F pour φ est l'ensemble*

$$F^\perp = \{x \in E, \forall y \in F, \varphi(x, y) = 0\}$$

Nous laissons aux étudiants de vérifier les propriéés suivantes :

Proposition 109 *Soient F un sous espace vectoriel de E et φ une forme bilinéare sur E.*

i) *$F^\perp$ est un sous espace vectoriel de E*

ii) *$E^\perp = \ker \varphi \subset F^\perp$.*

iii) *$F \subseteq \left(F^\perp \right)^\perp$. On a l'égalité si φ est non dégénérée.*

Théorème 110 *Soient F un sous espace vectoriel de E et φ une forme bilinéaire symétrique sur E. Alors,*

$$\dim F^\perp = n - \dim F + \dim \left(F \cap \ker \varphi \right).$$

Preuve. Prenons l'application Φ_φ de E dans E^* définie dans le paragraphe "Forme bilinéaire et dualité". Comme F est un sous espace vectoriel de E, alors $G = \Phi_\varphi \left(F \right)$ est un sous espace vectoriel de E^*. D'où,

$$\forall f \in G,\, \exists y \in F,\, f = \Phi_\varphi \left(y \right)$$

Prenons maintenant l'orthogonal de G pour Φ_φ, nous obtenons

$$
\begin{aligned}
G^\perp &= \left\{ x \in E, \forall f \in G, f\left(x \right) = 0 \right\} \\
&= \left\{ x \in E, \forall y \in F, \left(\Phi_\varphi \left(y \right) \right) \left(x \right) = 0 \right\} \\
&= \left\{ x \in E, \forall y \in F, \varphi \left(x, y \right) = 0 \right\} = F^\perp
\end{aligned}
$$

Ainsi d'après le théorème 97, Chap. 6., nous avons

$$\dim E = \dim E^* = \dim G + \dim G^\perp = \dim \Phi_\varphi \left(F \right) + \dim F^\perp \quad (7.2)$$

D'autre part, prenons $\Phi_{\varphi/F}$ la restriction de Φ_φ à F et appliquons le théorème des dimensions, nous avons

$$\dim F = \dim \Phi_{\varphi/F} \left(F \right) + \dim \ker \Phi_{\varphi/F} \quad (7.3)$$

Or

$$
\begin{aligned}
\Phi_{\varphi/F} \left(F \right) &= \Phi_\varphi \left(F \right) = G \\
\ker \Phi_{\varphi/F} &= \left\{ x \in F, \Phi_{\varphi/F} \left(x \right) = 0 \right\} \\
&= \left\{ x \in F, \forall y \in E, \varphi \left(x, y \right) = 0 \right\} = F \cap \ker \varphi
\end{aligned}
$$

Ainsi l'égalité devient

$$\dim F = \dim G + \dim \left(F \cap \ker \varphi \right) \quad (7.4)$$

Des égalités (7.2), (7.3), (7.4), nous avons

$$\dim E = \dim F - \dim \left(F \cap \ker \varphi \right) + \dim F^\perp$$

■

Corollaire 111 *Si φ est non dégénérée, alors $\dim F^\perp = n - \dim F$.*

Les formes quadratiques

Définition 112 *Soit E un espace vectoriel de dimension n sur $\mathbb{K}$ et φ une forme bilinéaire symétrique sur E. On appelle forme quadratique q sur E l'application $q : E \longrightarrow \mathbb{K}$ définie par*

$$\forall x \in E, \ q(x) = \varphi(x, x)$$

La forme est dite réelle ou complexe selon $\mathbb{K} = \mathbb{R}$ où $\mathbb{K} = \mathbb{C}$. La matrice associée à φ s'appelle la matrice de q. Le rang et le noyau de q sont le rang et le noyau de cette matrice. La forme quadratique est dite non dégénérée si φ est non dégénérée (i.e. la matrice est inversible)

Une autre définition équivalente de la forme quadratique

Soient E un espace vectoriel sur $\mathbb{K}$, muni d'une base $\{v_1, \cdots, v_n\}$, φ une forme bilinéaire symétrique sur E et $A = (\varphi(v_i, v_j))_{n \times n}$ la matrice associée à φ dans cette base. De la définition 112 et de l'expression algébrique de φ nous avons

$$q(x) = \sum_{i,j=1}^{n} \varphi(v_i, v_j) \, x_i x_j$$

où $x = x_1 v_1 + \cdots + x_n v_n$. Ainsi nous avons la définition équivalente suivante :

Définition 113 *On appelle forme quadratique q sur E tout polynôme sur $\mathbb{K}$ homogène [1] de degré deux en les coordonnées de x.*

En général, pour $n = 2$, 3, ou 4 on note par (x, y), (x, y, z) ou (x, y, z, t) pour un vecteur X dans la base canonique de E.

La forme polaire d'une forme quadratique

À l'aide de la définition de la forme bilinéaire symétrique, il est facile de montrer le lemme suivant :

Lemme 114 *Soit q une forme quadratique sur E. L'application $\varphi : E \times E \longrightarrow \mathbb{K}$, définie par*

$$\forall x, y \in E, \ \varphi(x, y) = \frac{1}{2}\left(q(x+y) - q(x) - q(y)\right)$$

---

[1]Un polynôme homogène, ou forme algébrique, est un polynôme en plusieurs indéterminées dont tous les monômes non nuls sont de même degré total. Par exemple le polynôme $x^4 - 2x^3 y + x^2 y^2$ est homogène de degré 4

est une forme bélinéaire symétrique. Par définition, φ s'appelle la forme polaire de q.

Remarque 115 *La forme polaire peut -être aussi donnée par*

$$\forall x,\, y \in E,\ \varphi\left(x,y\right) = \frac{1}{4}\left(q\left(x+y\right) - q\left(x-y\right)\right)$$

La règle du parallélogramme

Il est facile de vérifier l'identité

$$\forall x, y \in E, q\left(x+y\right) + q\left(x-y\right) = 2q\left(x\right) + 2q\left(y\right).$$

L'identité s'appelle la règle de parallélogramme. Cette identité est très importante pour les espaces normés ; elle a ses applications dans l'analyse fonctionnelle et la topologie[2]

Quelques remarques importantes

Nous laissons aux étudiants de vérifier les propriétés (non prouvées) suivantes :

- $\forall \lambda \in \mathbb{K}, \forall X \in E,\ q\left(\lambda X\right) = \lambda^2 q\left(X\right)$.
- Pour toute forme bilinéaire φ il existe une forme quadratique q associée à la forme bilinéaire symétrique φ_q définie par

$$\forall x,\, y \in E,\ \varphi_q\left(x,y\right) = \frac{\varphi\left(x,y\right) + \varphi\left(y,x\right)}{2} \tag{7.5}$$

- Une forme bilinéaire φ est alternée si et seulement si la forme quadratique q de φ_q est nulle.
  En effet,

$$\begin{aligned}
\varphi \text{ est alternée } &\Leftrightarrow\ \forall x, y \in E, \varphi\left(x,y\right) = -\varphi\left(y,x\right)\\
&\Leftrightarrow\ \varphi\left(x,y\right) + \varphi\left(y,x\right) = 0\\
&\Leftrightarrow\ \varphi_q = 0 \Rightarrow \forall x \in E, q\left(x\right) = \varphi_q\left(x,x\right) = 0
\end{aligned}$$

Inversement, supposons que $\forall x \in E,\ q\left(x\right) = 0$, alors

$$\begin{aligned}
\forall x, y\ \in\ &E, 0 = q\left(x+y\right) = \varphi_q\left(x+y, x+y\right)\\
&=\ \varphi_q\left(x,y\right) + \varphi_q\left(y,x\right) = 2\varphi_q\left(x,y\right)\\
&=\ \varphi\left(x,y\right) + \varphi\left(y,x\right) \Rightarrow \varphi\left(x,y\right) = -\varphi\left(y,x\right).
\end{aligned}$$

---
[2]

Théorème 116 *(Théorme de Jordan-von Neumann) Soit $\left(X, \|\cdot\|\right)$ un espace normé généralisé. Alors il existe un produit scalaire $\langle\cdot,\cdot\rangle : X \times X \longrightarrow \mathbb{C}$, tel que $\sqrt{\langle x,x\rangle} = \|x\|$ si et seulement si $\|x+y\|^2 + \|x-y\|^2 = 2\|x\|^2 + 2\|y\|^2,\ \forall x, y \in X$.*

– L'ensemble $Q(E)$ des formes quadratiques sur E est un espace vectoriel sur $\mathbb{K}$. On associe à toute frome bilinéaire φ la forme quadratique q de φ_q définie dans la relation 7.5, il existe une application linéaire $\varphi \mapsto q$ de l'espace vectoriel $B(E \times E)$ des formes bilinéaires dans l'espace vectoriel $Q(E)$ de noyau égal au sous espace des fromes bilinéaires alternées. Le lemme 114 assure la surjectivité de cette application,. Ainsi, d'après le premier théorème des isomorphismes $Q(E)$ s'identifie au sous espace des formes bilinéaires symétriques, ce qui donne enfin la décomposition en somme directe

$$B(E \times E) = B(E \times E)_{sym} \oplus B(E \times E)_{alt}$$

où, $B(E \times E)_{sym}$ et $B(E \times E)_{alt}$ désignent respectivement les sous espaces des formes bilinéaires symétriques et des formes bilinéaires alternées.

– La représentation de q par l'expression algébrique est équivalente à la représentation matricielle

$$q(x) = x^T A x$$

où $A = (\varphi(v_i, v_j))_{n \times n}$ la matrice associée à q. Si on change la base on obtient une nouvelle représentation $q(x) = x^T B x$, mais toujours on a $B = P^T A P$, où P est la matrice de passage à la nouvelle base.

– Si f et g deux formes linéaires sur E, alors

$$\forall x \in E, \, q(x) = f(x) g(x)$$

est une forme quadratique sur E. En effet, une forme linéaire est une somme des monômes de degré 1 en les coordonnées de x. Ainsi $f(x) g(x)$ est égale à la somme des monômes de degré 2 en les coordonnées de x.

Question : Peut-on toujours décomposer une forme quadratique en produit de deux formes linéaires ? la réponse est négative, il suffit de prendre la forme q définie sur $\mathbb{R}^2$ par

$$q(X) = x^2 + y^2$$

En général, sur un corps $\mathbb{K}$, toute forme quadratique sous la forme $q(x) = \sum_{i=1}^{n} a_i x_i^2$ où un coefficient n'admet pas une racine carrée dans $\mathbb{K}$ ne peut pas être factorisée sur $\mathbb{K}$. Donc quelles sont les conditions pour qu'une forme quadratique puisse se factorisée sur un corps.

Soit φ une forme bilinéaire symétrique et f et g deux formes linéaires telles que

$$\varphi(x, y) = f(x) g(y)$$

Comme la forme est symétrique on a aussi

$$\varphi(x, y) = g(y) f(x).$$

Ainsi φ, f et g ont le même noyau. Si ce noyau est l'espace entier, alors la forme est nulle et rien à démontrer. Supposons que la forme est non nulle, dans ce cas, le noyau est un hyperplan (Voir la définition 89, Chapitre 6), ce qui fait les équations qui représentent l'hyperplan sont équivalentes. Ainsi les formes f et g sont proportionnelles. Ainsi nous avons la proposition suivante

Proposition 117 *Une forme quadratique q peut être décomposée en produit de deux formes linéaires si, et seulement si, les deux formes sont proportionnelles. Ainsi $q(x) = \alpha(l(x))^2$ où $\alpha \in \mathbb{K}$, $l \in E^*$ et $\ker q = \ker l$.*

Exemples de quelques formes quadratiques

Les exemples suivants sont des formes quadratiques réelles. Nous donnons juste quelques Indications en laissant la vérification pour les étudiants dans la séance des travaux dirigés.

1. $q : M_n(\mathbb{K}) \longrightarrow \mathbb{K}$, définie par

$$q(A) = trace\left(A^T A\right)$$

est une forme quadratique sur $M_n(\mathbb{K})$. En effet, essayons de trouver l'expression algébrique de Q dans la base canonique de $M_n(\mathbb{K})$.

2. $q : M_2(\mathbb{K}) \longrightarrow \mathbb{K}$, définie par

$$q(A) = \det A$$

est une forme quadratique. En effet, montrons que c'est un polynôme homogène de degré 2 en les coefficients de A.

Vecteurs isotropes pour une forme quadratique

Définition 118 *On appelle vecteur isotrope pour une forme quadratique q tout vecteur non nul x satisfaisant $q(x) = 0$. L'ensemble des vecteurs isotropes s'appelle le cône isotrope.*

Remarque 119 *1. L'ensemble des vecteurs isotropes n'est pas forcement un espace vectoriel, en général c'est la réunion des sous espaces vectoriels, comme il contient le noyau de q. Voir les exercices, 133, 136, 137, à la fin du chapitre où l'ensemble parfois est un sous espace vectoriel et l'autrefois est juste la réunion des sous espaces vectoriels.*

2. Attention !! le noyau peut-être trivial, mais il éxiste des vecteurs isotropes

L'orthogonalité pour une forme quadratique

Définition 120 *L'orthogonalité pour une forme quadratique c'est l'orthogonalité pour sa forme polaire.*

Ainsi, les résultats mentionnés dans le paragraphe en relation pour les formes bilinéaires symétriques sont les mêmes pour ce paragraphe. Voir les exercices, 133, 136, 137. Notons que les exercices mentionnés deviennent plus faciles à résoudre après la lecture du chapitre prochain, mais les étudiants peuvent quand même les résoudre en utilisant les outils élémentaires de la factorisation d'un polynôme de degré 2 en facteurs.

Forme quadratique définie (positive, négative), non définie, produit scalaire

Définition 121 *Soit q une forme quadratique sur E.*

i) *q est dite définie sur E si pour tout $x \in E$, $q(x) = 0 \Rightarrow x = 0$. Le cas contarire, la forme est dite non définie.*

ii) *q est dite définie positive (positive) sur E si pour tout $x \in E$, $q(x) > 0$ $(q(x) \geq 0)$.*

iii) *q est dite édfinie négative (négative) sur E si pour tout $x \in E$, $q(x) < 0$ $(q(x) \leq 0)$.*

iv) *La forme polaire soit définie positive, négative, non définie etc, selon sa forme quadratique. En particulier, si la forme polaire est définie positive, alors elle s'appelle produit scalaire.*

Remarque 122   *1. Il existe des vecteurs isotropes pour $q \Leftrightarrow q$ est non définie.*

2. Le produit scalaire standard sur $\mathbb{R}^n$ c'est la forme bilinéaire symétrique φ écrite dans la base canonique de $\mathbb{R}^n$, définie par la matrice I_n, ce qui donne

$$\forall x = (x_1, ..., x_n), \ y = (y_1, ..., y_n) \in \mathbb{R}^n, \ \varphi(x, y) = \sum_{i=1}^{n} x_i y_i$$

noté souvent $\langle x; y \rangle$.

Espace quadratique

Définition 123 *On appelle espace quadratique un espace vectoriel E muni d'une forme quadratique q, noté souvent (E, q). L'espace prend de noms particuliers selon les propriétés supplémentaires de la forme quadratique. L'espace quadratique est dit Euclidien ou Hermitien s'il muni d'un produit scalaire.*

Dans le chapitre qui vient nous allons voir que tout produit scalaire est équivalent (congruent) au produit scalaire standard, c'est pour cela, on note pour l'espace d'un produit scalaire par $(E, \langle \cdot, \cdot \rangle)$.

Série des exercices

Exercice 124 *Soit φ la forme bilinéaire symétrique sur $\mathbb{R}^3$ de matrice*
$$A = \begin{pmatrix} 1 & 1 & 1 \\ 1 & 2 & 3 \\ 1 & 3 & 5 \end{pmatrix}.$$

1. *Quel est le noyau et le rang de φ ?*

2. *Trouvez une base de l'orthogonal pour φ de*

$$
\begin{aligned}
F &= vect\{v_1 = (1,0,1), v_2 = (0,1,-1)\}, \\
G &= vect\{u_1 = (1,0,1), v_2 = (1,0,0)\}, \\
W &= vect\{w_1 = (0,1,0), v_2 = (1,0,1)\},
\end{aligned}
$$

et comparer avec les résultats du cours sur la dimension de l'orthogonal.

Exercice 125 *Soit $\mathbb{R}_2[X]$ l'espace vectoriel des polynômes de degré 2 à coefficients réels.*

1. *Calculer la matrice dans la base canonique de $\mathbb{R}_2[X]$ de la forme bilinéaire symétrique définie par*

$$\varphi(f, g) = \int_0^1 f(t) g(t) \, dt$$

2. *Quel est son noyau ?*

3. *Mêmes questions pour la forme bilinéaire symétrique*

$$\varphi(f, g) = f(0) g(0) + f(1) g(1).$$

Exercice 126 *Soit $M_n(\mathbb{R})$ l'espace vectoriel des matrices d'ordre n.*

1. *Montrez que l'application φ définie sur $M_n(\mathbb{R})$ par*

$$\varphi(AB) = trace(AB)$$

est une forme bilinéaire symétrique.

  2. *On note $S_n(\mathbb{R}) \subset M_n(\mathbb{R})$ le sous espace des matrices symétriques. Montrez que la restriction de φ à $S_n(\mathbb{R}) \times S_n(\mathbb{R})$ est définie positive.*

  3. *Quel est l'orthogonal de $S_n(\mathbb{R})$ pour φ ?*

Exercice 127 *Déterminer les formes quadratiques des formes bilinéaires symétriques dans les exercices précédents.*

Exercice 128 *Soit q une forme quadratique sur E, que l'on suppose définie.*

  1. *Montrer que q est soit définie négative, soit définie positive (Indication : On suppose qu'il existe deux vecteurs x et y tels que $q(x) > 0$ et $q(y) < 0$ et on pose $f(t) = q(x + yt)$ ensuite on étudie les signes de $f(t)$).*

  2. *Maintenant on l'on suppose non dégénérée mais non définie. Montrer que q n'a pas de signe constant (Indication : Utiliser l'inégalité de CAUCHY-SCHWARZ* [3]

Exercice 130 *On note Tr pour la trace. Soit q_1 et q_2 définies sur $M_n(\mathbb{R})$ par $q_1(A) = (Tr(A))^2$ et $q_2(A) = Tr(A^T A)$. Montrer que q_1 et q_2 sont des formes quadratiques. Sont-elles positives ? définies positives ?*

Exercice 131 *Soient $E = \ell(\mathbb{R}^2)$, $(\lambda, \mu) \in \mathbb{R}^2$ et q définie sur E par*

$$\forall u \in E, \; q(u) = \lambda Tr(u^2) + \mu \det u$$

  1. *Vérifier que q est une forme quadratique sur E.*

  2. *Déterminer en fonction de λ et μ le rang de q.*

  3. *Déterminer en fonction de λ et μ les vecteurs isotropes de q.*

Exercice 132 *Soient f_1, f_2,..., f_n n fonctions continues sur $[a, b]$ à valeurs dans $\mathbb{R}$. Pour $i, j = \overline{1, n}$, on pose*

$$a_{i,j} = \int_0^1 f_i(t) f_j(t)\, dt, \; \forall X = (x_1, ..., x_n) \in \mathbb{R}^n, \; q(X) = \sum_{i,j=1}^n a_{ij} x_i x_j$$

---

[3]

Lemme 129 *Soit q une forme quadratique positive sur E et φ sa forme polaire. Alors,*

$$\forall x, y \in E, |\varphi(x,y)| \leq \sqrt{q(x)}\sqrt{q(y)}.$$

L'inégalité s'appelle l'inégalité de CAUCHY-SCHWARZ.

1. *Montrer que q est une forme quadratique positive.*

2. *Montrer que q est définie positive si et seulement si la famille $(f_1, ..., f_n)$ est libre.*

3. *Écrire la matrice de q dans le cas particulier : $f_i(t) = t^{i-1}$ pour $i = \overline{1, n}$.*

Exercice 133 *Soit $E = \mathbb{R}^3$ et q l'application de E dans $\mathbb{R}$ définie par :*

$$\forall X = (x, y, z) \in \mathbb{R}^3, q(X) = (x + y)^2 + 2(y - z)^2$$

1. *Montrer que q est une forme quadratique et déterminer la matrice associée par rapport à la base canonique .*

2. *Déterminer l'orthogonal de E et en déduire le rang de q.*

3. *Trouver le cone des isotropes $\Im$. Montrer que c'est un sous-espace vectoriel de E.*

4. *Montrer qu'il existe un seul sous-espace vectoriel F totalement isotrope, i.e. $\{0\} \neq F \subset F^{\perp}$ [4].*

5. *Construire deux sous-espaces vectoriels de E, isotropes[5], non totalement isotropes et de dimensions distinctes.*

Exercice 136 *Soit $E = \mathbb{R}^3$ et q l'application de E dans $\mathbb{R}$ définie par :*

$$\forall X = (x, y, z) \in \mathbb{R}^3, q(X) = xy + yz$$

1. *Montrer que q est une forme quadratique et déterminer la matrice associée par rapport à la base canonique.*

2. *Déterminer l'orthogonal de E et en déduire le rang de q.*

3. *Trouver l'ensemble des vecteurs isotropes. Montrer que ce n'est pas un sous-espace vectoriel de E.*

4. *Pour tout entier $p, 0 \leq p \leq 3$, étudier l'existence d'un sous-espace vectoriel totalement isotrope de dimension p. En déduire tous les sous-espaces vectoriels totalement isotropes.*

5. *Construire deux sous-espaces vectoriels de E, isotropes, non totalement isotropes et de dimensions distinctes.*

---

[4]

Théorème 134 *Un sous-espace F est totalement isotrope si et seulement si F est un sous ensemble du cone isotrope $\Im$*

[5]

Définition 135 *on dit que le sous espace G est isotrope pour une forme quadratique q si et seulement si $G \cap G^{\perp} \neq \{0\}$, où $G^{\perp}$ est l'orthogonal de G pour q.*

Exercice 137 *Soit q la forme quadratique sur $\mathbb{R}^3$ définie par*

$$q\left(x, y, z\right) = x^2 + 3y^2 - 8z^2 - 4xy + 2xz - 10yz$$

1. *Déterminer le noyau de q.*

2. *Montrer que l'ensemble des vecteurs $x \in \mathbb{R}^3$ tels que $q(x) = 0$ est la réunion de deux plans vectoriels dont on donnera des équations.*

3. *Calculer l'orthogonal du vecteur $(1, 1, 1)$ pour q.*

Chapitre 8

Réduction des formes quadratiques

Introduction

La réduction d'une forme quadratique q s'agit de l'élimination des termes des produits mixtes dans l'expression algébrique de q pour obtenir une somme des carrées avec des coefficients seulement, c'est-à-dire on cherche une base où la matrice associée de q dans cette base est diagonale.

La réduction repose sur deux approches, l'une est l'orthogonalité, précisément, on procède par la méthode de Gram-Schmidt pour obtenir une base orthogonale (orthonormée) pour la forme quadratique partir d'une base donnée, ensuite on écrit la forme q dans cette base. L'autre on procède par la complétion des carrés dans l'expression algébrique de q. Cette méthode est due à Gauss, comme certains l'attribuent à Lagrange.

Le but de la réduction en plus de faciliter le calcul matriciel, est de trover la signature de q pour la calssifier.

Dans tout le chapitre E un espace vectoriel de dimension n sur $\mathbb{K}$ ($\mathbb{K} = \mathbb{R}$ ou $\mathbb{C}$) et q une forme quadratique sur E et φ sa forme polaire

Définition 138 *La forme quadratique q est dite réduite à la forme diagonale s'il existe une base dans laquelle $q(X) = \sum_{i=1}^{n} \alpha_i x_i^2$ où les x_i sont les coordonnées de X dans cette base.*

Réduction par l'orthogonalité

Définition 139 *Soient* $\{v_1, ..., v_n\}$ *une base de E. La base est dite orthogonale pour q si* $\varphi(v_i, v_j) = 0$, $\forall i \neq j$, *la base est dite orthonormée si de plus* $q(v_i) = 1$.

Lemme 140 *Une famille orthogonale ne contenant pas de vecteur isotrope est libre ; en particulier toute famille orthonormée est libre.*

Preuve. Soit $\{v_1, ..., v_n\}$ un ensemble orthogonal pour q, Soient α_1, ..., $\alpha_n \in \mathbb{K}$ tels que $\sum_{i=1}^{n} \alpha_i v_i = 0$. Alors

$$0 = \varphi\left(v_j, \sum_{i=1}^{n} \alpha_i v_i\right) = \sum_{i=1}^{n} \alpha_i \varphi(v_j, v_i) = \alpha_i \varphi(v_i, v_i)$$

Comme $\varphi(v_i, v_i) \neq 0$, alors $\alpha_i = 0$. ∎

Proposition 141 *Les conditions suivantes sont équivalents*

i) $\{v_1, ..., v_n\}$ *une base orthogonale (orthonormée) pour* q.

ii) *La matrice associée à* q *dans la base* $\{v_1, ..., v_n\}$ *est diagonale.*

iii) $\forall x \in E$, $q(x) = \sum_{i=1}^{n} q(v_i) x_i^2$ *(resp.* $q(x) = \sum_{i=1}^{n} x_i^2$*), où* $x = \sum_{i=1}^{n} x_i v_i$

Preuve. On a la matrice associée à q dans la base $\{v_1, ..., v_n\}$ est $(\varphi(v_i, v_j))_{n \times n}$, d'où $\varphi(v_i, v_j) = \begin{cases} 0 & \text{pour } i \neq j \\ q(v_i) & \text{pour } i = j \end{cases}$ ∎

Ainsi de la proposition et de la définition 138, la forme q est réduite à la forme diagonale. Le théorème qui suit nous montre qu'on peut toujours réduire une forme quadratique quelconque à la forme diagonale.

Théorème 142 *(Processus de Gram-Schmidt) Il existe des bases de E orthogonales pour* ∎.

Preuve. Soit $\{v_1, ..., v_n\}$ une base de E. On pose

$$\begin{aligned} u_1 &= v_1 \\ u_2 &= a_{21} u_1 + v_2 \\ &\vdots \\ u_i &= a_{i1} u_1 + a_{i2} u_2 + \cdots a_{i(i-1)} u_{i-1} + v_i, \ i = \overline{2, n} \end{aligned}$$

Par une vérification directe, nous avons l'ensemble $\{u_1, ..., u_n\}$ est une base de E. Maintenant, nous allons chercher les coefficients a_{ij} pour que la base soit orthogonale.

$$0 = \varphi(u_2, u_1) = a_{21}\varphi(u_1, u_1) + \varphi(v_2, u_1) \Rightarrow a_{21} = \frac{-\varphi(v_2, u_1)}{q(u_1)}$$

$$0 = \varphi(u_3, u_1) = a_{31}\varphi(u_1, u_1) + \varphi(v_3, u_1) \Rightarrow a_{31} = \frac{-\varphi(v_3, u_1)}{q(u_1)}$$

$$0 = \varphi(u_3, u_2) = a_{32}\varphi(u_2, u_2) + \varphi(v_3, u_2) \Rightarrow a_{32} = \frac{-\varphi(v_3, u_2)}{q(u_2)}$$

Nous continuons le processus, nous obtenons

$$a_{ij} = \frac{-\varphi(v_i, u_j)}{q(u_j)} \text{ pour } i = \overline{2, n},\ j = \overline{1, n-1}$$

∎

Remarque 143 *Si la forme quadratique est définie positive (i.e. $\forall X \in E$, $q(X) > 0$), alors il existe une base orthonormée.*

Preuve. Il suffit de continuer le processus de Gram-Schmidt en posant

$$\epsilon_i = \frac{u_i}{\sqrt{q(u_i)}} \text{ pour } i = \overline{1, n}$$

Ainsi $\{\epsilon_1, ..., \epsilon_n\}$ est une base orthonormée (laissons la vérification aux étudiants). ∎

Exemple 144 *En procédant par la méthode de Gram-Schmidt, transformer les vecteurs $v_1 = (1, 1, 0)$, $v_2 = (-1, 0, 1)$, $v_3 = (0, 1, 2)$ aux vecteurs deux à deux orthogonaux pour la forme quadratique*

$$\forall (x, y, z) \in \mathbb{R}^3,\ q(X) = xy + xz$$

et réduire la forme q à la forme diagonale.

Soient u_1, u_2, u_{n3} définis comme dans la preuve du théorème 142, alors

$$\forall X = (x_1, x_2, x_3),\ Y = (y_1, y_2, y_3) \in \mathbb{R}^3, \varphi(X, Y) = \frac{1}{2}x_1y_2 + \frac{1}{2}x_1y_3 + \frac{1}{2}x_2y_1 + \frac{1}{2}x_3y_1$$

Ce qui donne

$$u_1 = v_1 = (1, 1, 0),$$

$$u_2 = v_2 - \frac{\varphi(v_2, u_1)}{q(u_1)}u_1 = (-1, 0, 1) - \frac{0}{1}u_1 = (-1, 0, 1)$$

$$u_3 = v_3 - \frac{\varphi(v_3, u_1)}{q(u_1)}u_1 - \frac{\varphi(v_3, u_2)}{q(u_2)}u_2$$

$$= (0, 1, 2) - \frac{3}{2}(1, 1, 0) - \frac{3}{2}(-1, 0, 1) = \left(0, -\frac{1}{2}, \frac{1}{2}\right)$$

Les vecteurs forment une base de $\mathbb{R}^3$, donc pour

$$X = z_1 u_1 + z_2 u_2 + z_3 u_3,$$

nous avons

$$q(X) = q(u_1) z_1^2 + q(u_2) z_2^2 + q(u_3) z_3^2 = z_1^2 - z_2^2$$

Comme la forme est non définie (car $q(u_3) = 0$), alors nous avons une base orthogonale seulement.

Réduction par complétion des carrés (Méthode de Gauss)

Pour faciliter la compréhension des étudiants nous commençons par une forme quadratique sur un espace de dimension 2.

Soit

$$\forall X = (x, y) \in E, q(X) = ax^2 + bxy + cy^2$$

– Supposons que l'un des coefficients a ou c est non nul, disons a. Alors,

$$q(X) = a\left(x + \frac{b}{2a}y\right)^2 + \left(c - \frac{b^2}{4a}\right)y^2$$

– Si $a = c = 0$, alors $b \neq 0$ sinon $q = 0$. On pose xy sous la différence de deux carrés (la règle du parallélogramme) :

$$xy = \frac{1}{4}(x + y)^2 - \frac{1}{4}(x - y)^2$$

Ainsi nous avons

$$q(X) = \frac{b}{4}(x + y)^2 - \frac{b}{4}(x - y)^2$$

Ainsi il existe α_1, $\alpha_2 \in \mathbb{K}$ et deux formes linéaires l_1, $l_2 \in E^*$, tels que

$$q(X) = \alpha_1 (l_1(X))^2 + \alpha_2 (l_2(X))^2$$

On dit que q est décomposée en somme des carrés de deux formes linéaires. Si nous voulons chercher la nouvelle base, il suffit d'écrire les anciennes coordonnées x et y en fonction des nouvelles coordonnées l_1 et l_2 du vecteur X pour obtenir la matrice de passage P de l'ancienne base à la nouvelle base en prenant les colonnes de P comme vecteurs de la nouvelle base.

Dans l'exemple précédent, Premier cas, nous avons

$$\begin{pmatrix} x \\ y \end{pmatrix} = \begin{pmatrix} 1 & -\frac{2b}{4ac-b^2} \\ 0 & \frac{4a}{4ac-b^2} \end{pmatrix} \begin{pmatrix} l_1 \\ l_2 \end{pmatrix}$$

Ainsi nous avons la nouvelle base $\left\{ v_1\left(1,0\right), v_2 = \left(-\frac{2b}{4ac-b^2}, \frac{4a}{4ac-b^2}\right) \right\}$.
Laissons le deuxième cas pour les étudiants.

Maintenant nous pouvons généraliser la méthode pour la dimension n. Soit $q\left(X\right) = \displaystyle\sum_{i,j=1}^{n} a_{ij}x_ix_j$. Il existe un coefficient d'un carré non nul (sinon nous appliquons la règle du parallélogramme sur un coefficient d'un terme mixte pour obtenir un carré. Donc nous pouvons toujours supposer qu'il existe d'un coefficient d'un carré non nul, disant a_{11}. Alors pour $n=1$ la propriété est vraie car

$$q\left(X\right) = a_{11}x^2$$

Nous avons déjà démontré la propriété pour $n=2$. Supposons qu'elle est vraie pour toute forme quadratique sur un espace vectoriel de dimension $< n$

$$q\left(X\right) = \frac{1}{a_{11}}\left(x_1 + \frac{a_{12}}{2a_{11}}x_2 + \cdots \frac{a_{1n}}{2a_{11}}x_n\right)^2 + \sum_{i,j=2}^{n} b_{ij}x_ix_j,$$

d'où il existe une forme linéaire l_1 et q' tels que

$$l_1\left(X\right) = x_1 + \frac{a_{12}}{2a_{11}}x_2 + \cdots \frac{a_{1n}}{2a_{11}}x_n, q'\left(X\right) = \sum_{i,j=2}^{n} b_{ij}x_ix_j$$

Remarquons que q' est une forme quadratique sur un espace de dimension $n-1$, donc l'hypothèse de récurrence nous donne

$$q'\left(X\right) = \sum_{i=2}^{n} \alpha\left(l_i\left(X\right)\right)^2$$

Par conséquent

$$q\left(X\right) = \alpha_1\left(l_1\left(X\right)\right)^2 + \cdots \alpha_n\left(l_n\left(X\right)\right)^2$$

Signature et classification d'une forme quadratique

De cette section nous introduisons la notion de la signature et présentons sa relation avec le rang. Nous présentons le théorème d'inertie de Sylvester (qui est la classification des formes quadratiques sur $\mathbb{R}$).

Signature d'une forme quadratique

Définition 145 *la signature d'une forme quadratique q sur un espace vectoriel de dimension n est le couple (p, s) où p est le nombre de coefficients positifs dans la forme diagonale de q et s le nombre de coefficients négatifs. Les formes quadratiques ayant la même signature sont dites équivalentes.*

Ainsi nous pouvons classer les forme quadratiques comme suit :

1. La forme est définie positive(positive) $\Rightarrow p = n$ $(p \leq n$ et $s = 0)$.

2. La forme est définie négative (négative) $\Rightarrow s = n$ $(s \leq n$ et $p = 0)$

3. La forme est non définie $\Rightarrow p < n$ où $s < n$

4. On a $p+s = rang\,(q)$, ainsi la forme est non dégénérée $\Rightarrow p+s = n$

5. De 1 et de la remarque 143, il existe une base orthonormée pour $q \Leftrightarrow p = n$.

En effet, $p = n \Leftrightarrow$ tous les coefficient dans la forme diagonale sont > 0. Il suffet de diviser sur chaque coefficient pour obtenir la forme $q(X) = \sum_{i=1}^{n} l_i^2$ où les l_i sont les coordonnées de X dans la base finale.

Classification sur le corps des complexes $\mathbb{C}$

Théorème 146 *Toute formes quadratique sur $\mathbb{C}$ est représentée par la matrice* $\begin{pmatrix} I_r & 0 \\ 0 & 0 \end{pmatrix}$.

Preuve. En effet, Soit (p, s) la signature de q, alors appliquons la réduction par l'une des méthodes précédentes, nous avons

$$q(X) = a_1 z_1^2 + \cdots a_r z_r^2$$

où $r = p + s$ le rang de q et a_1, ..., a_p les coefficients positifs et a_{p+1}, ..., a_r les coefficients négatifs.

Comme les $a_i \in \mathbb{C}$, alors les $\sqrt{a_i} \in \mathbb{C}$. Possons

$$t_i = \sqrt{a_i} z_i$$

nous obtenons

$$q(X) = t_1^2 + \cdots t_r^2$$

Soient $A_r = diag\,(a_1, ..., a_r)$ et P la matrice de passage de $\{u_1, ..., u_n\}$ la base orthogonale pour q à la nouvelle base orthogonale obtenue par les délatations $z_i \mapsto \sqrt{a_i} z_i$.

$$P^T \begin{pmatrix} A_r & 0 \\ 0 & 0 \end{pmatrix} P = \begin{pmatrix} I_r & 0 \\ 0 & 0 \end{pmatrix}$$

■

Classification sur le corps des réels $\mathbb{R}$

Théorème 147 *(Théorème d'inertie de sylvester) Toute formes quadratique sur $\mathbb{R}$ de signature (p, s) est représentée par la matrice* $\begin{pmatrix} I_p & & \\ & -I_s & \\ & & 0 \end{pmatrix}$.

Preuve. En effet, de la preuve précédente, pour les coefficients négatifs on prend les racines carrées de leurs opposés. ∎

Remarque 148 *De tout ce qui précède nous avons les remarques suivantes :*

1. *Le théorème de Sylvester montre que la signature d'une forme quadratique ne dépend pas de la base choisie. Donc la signature est un invariant de q. Ainsi les formes équivalentes sur $\mathbb{R}$ sont les formes qui ont la même signature, tandis que les formes équivalentes sur $\mathbb{C}$ sont celles qui ont le même rang.*

2. *À l'aide d'une forme quadratique nous pouvons toujours définir le produit scalaire standard sur l'espace entier ou sur un sous espace de dimension r.*

3. *Tout produit scalaire est équivalent au produit scalaire standard.*

Diagonalisation des matrices symétriques dans une base orthonormée des vecteurs propres

Cette section explique clairement aux étudiants la relation entre la réduction des formes quadratiques et la diagonalisation des matrices symétriques déjà étudiée dans le premier semestre, ce qui leurs permet de posséder les différentes techniques de la diagonalisation et choisir la méthode efficace pour tout cas.

De la proposition 141 et du théorème 142, nous avons le résultat suivant :

Théorème 149 *(le théorème spectral) Toute matrice symétrique réelle est diagonalisable dans une base orthonormée des vecteurs propres.*

Pratiquement comment procède t-on ?

1. De la proposition 141 et du théorème 142 nous savons que la matrice est diagonalisable sur son corps de base. Donc d'après

le théorème de la diagonalisation des endomorphismes (matrices carrées), nous somme sûre que nous avons une base de E formée des vecteurs propres.

2. Cherchons les valeurs propres λ_1, ..., λ_n et les vecteurs propres de la matrice en question.

3. À l'aide du processus de Gram-Schmidt nous transformons cette base à une base orthonormée $\{\epsilon_1, ..., \epsilon_n\}$ pour le produit scalaire standard (Cette transformation préserve les espaces propres, car les nouveaux vecteurs propres $\epsilon_1, ..., \epsilon_n$ sont juste des combinaisons linéaires des anciens).

4. La matrice dans cette base est diagonale dont les éléments diagonaux sont les valeurs propres propres associées.

5. Comme la matrice est symétrique, alors elle est d'une coté associe d'une forme quadratique et d'autre coté est associe à un endomorphisme. D'où, si on note cette matrice par A et la matrice de passage à la base orthonormée des vecteurs propres par P, alors on a

$$P^T A P = diag\left(\lambda_1, ..., \lambda_n\right) = p^{-1} A P,$$

ce qui donne

$$q\left(x\right) = \lambda_1 t_1^2 + \lambda_2 t_2^2 + \cdots + \lambda_n t_n^2,$$

où

$$x = t_1 \epsilon_1 + t_2 \epsilon_2 + \cdots t_n \epsilon_n \in E \text{ et } P^{-1} = P^T.$$

Ainsi nous avons un résultat et une définition :

Théorème 150 *Les valeurs propres d'une matrice symétrique réelle A sont toutes réelles. elles sont totalement positives (positive) si A est définie positive, i.e. $\forall x \in E$, $x^T A x > 0$ (positive, i.e. $x^T A x \geq 0$).*

Définition 151 *Une matrice inversible P est dite orthogonale si ses colonnes forment une base orthonormée. L'endomorphisme associé à une matrice orthogonale est dit orthogonal.*

Nous laissons aux étudiants de montrer le lemme suivant :

Lemme 152 *Une matrice P est orthogonale$\Leftrightarrow P^{-1} = P^T \Rightarrow \det P = \pm 1$.*

Série des exercices

Exercice 153 *Procéder par la méthode de Gauss (la complétion d'un carré) pour transformer à la forme diagonale les formes quadratiques suivantes et déterminer leurs signatures, leurs rangs, la nature des formes (définies, positives, négatives, non définies) et les nouvelles bases.*

1.

$$\forall X = (x_1, x_2, x_3) \in \mathbb{R}^3, q(X) = x_1^2 + x_1 x_2 + 2x_1 x_3 + x_2^2 + 2x_2 x_3 - x_3^2$$

2.

$$\forall X = (x_1, x_2, x_3) \in \mathbb{R}^3, q(X) = x_1 x_2 + x_1 x_3 + x_2 x_3$$

3.

$$\forall X = (x_1, x_2, x_3, x_4) \in \mathbb{R}^4, q(X) = x_1 x_2 + x_3 x_4$$

4.

$$\forall X = (x, y, z, t) \in \mathbb{R}^4, q(X) = 2z^2 + 2xy - xz - 4yz - 6zt.$$

5.

$$\forall X = (x, y, z) \in \mathbb{R}^3, q(x, y, z) = x^2 + 7y^2 + 6xy - 2xz + 8yz$$

Exercice 154 *Soit $a \in \mathbb{R}$*

$$\forall X = (x_1, x_2, x_3) \in \mathbb{R}^3, q_a(X) = a\left(x_1^2 + x_2^2 + x_3^2\right) - 2x_1 x_2 - 2x_2 x_3 - 2x_3 x_1$$

1. *Classifier la forme quadratique q selon les valeurs de a.*

2. *Montrer qu'il existe une même base de $\mathbb{R}^3$ qui est orthogonale pour tous les q_a.*

3. *Soit D la droite vectorielle engendrée par le vecteur $(2, 2, 1)$. Trouver une base de l'orthogonal $D^\perp$ et de D pour q_0. Est-ce que D et $D^\perp$ sont supplémentaires ?*

4. *Montrer que la forme quadratique q_a est définie positive si et seulement si $a > 2$.*

Exercice 155 *Discuter, suivant la valeur du nombre réel a, le rang et la signature de la forme quadratique q.*

$$\forall X = (x_1, x_2, x_3) \in \mathbb{R}^3, q_a(X) = x_1^2 + (1 + a) x_2^2 + \left(1 + a + a^2\right) x_3^2 + 2x_1 x_2 - 2a x_2 x_3$$

Exercice 156 *Dans une base orthonormée des vecteurs propres diagonaliser chaque forme quadratique dans cette série.*

Chapitre 9

Quelques notions algébriques et géométriques de l'espace préhilbertien

Introduction

Nous avons déjà introduit la notion d'un espace quadratique, dans ce chapitre nous allons introduire l'espace préhilbertien et les notions de la norme, la distance, l'angle entre deux vecteurs, l'application adjointe, l'isométrie, l'application orthogonale et la projection orthogonale. Un espace préhilbertien est défini comme un espace vectoriel réel ou complexe muni d'un produit scalaire.Cette notion généralise celles d'espace Euclidien ou Hermitien dans le cas d'une dimension quelconque. L'espace préhilbertien est très utile pour la géométrie, la topologie et aussi la théorie des opérateurs linéaires.

Quelques notions de l'espace Euclidien

Définition 157 *L'espace Euclidien est un espace vectoriel réel de dimension finie muni d'un produit scalaire* $\langle \cdot, \cdot \rangle$.

Définition 158 *La **norme Euclidienne** est une application d'un espace Euclidien E notée $\|\cdot\|$ dans $\mathbb{R}^+ \cup \{0\}$ qui associe à tout $x \in E$ la valeur $\|x\| = \sqrt{\langle x, x \rangle}$. Ainsi l'espace vectoriel E est un espace normé noté $(E, \|\cdot\|)$.*

Il est facile de voir que la définition précédente est une généralisation de la valeur absolue des nombres réels aux vecteurs.

Le théorème suivant introduit quelques propriétés qu'on peut l'interpréter géométriquement, ou même topologique. La définition du produit scalaire permet aux étudiants de démontrer facilement :

Théorème 159 *Soit $(E, \langle \cdot, \cdot \rangle)$ un espace Euclidien, alors,*

1. *$\forall x \in E$, $\|x\| = 0 \Leftrightarrow x = 0$ (notion de séparation).*

2. *$\forall \lambda \in \mathbb{R}$, $\forall x \in E$, $\|\lambda x\| = |\lambda| \|x\|$ (bsolue homogénéité).*

3. *$\forall x,\ y \in E$, $\|x + y\| \leq \|x\| + \|y\|$ (sous-additivité, appelée également inégalité triangulaire).*

4. *$\forall x,\ y \in E$, $|\langle x, y \rangle| \leq \|x\| \|y\|$ (l'inégalité de Cauchy-Schwarz).*

Enfin, pour la propriété 4, distinguons deux cas, pour $x = 0$ ou $y = 0$, nous avons $0 = 0$. Supposons que $x \neq 0$ et $y \neq 0$, alors il existe $\alpha = \frac{\|y\|}{\|x\|}$, ainsi nous avons

$$\|y\| = \alpha \|x\|,$$

ce qui donne,

$$
\begin{aligned}
0 \ &< \ \langle \alpha x \pm y, \alpha x \pm y \rangle = \alpha^2 \langle x, x \rangle + \langle y, y \rangle \pm 2\alpha \langle x, y \rangle \\
&= \ \alpha^2 \|x\|^2 + \|y\|^2 \pm 2\alpha \langle x, y \rangle = 2\alpha \|x\| \|y\| \pm 2\alpha \langle x, y \rangle,
\end{aligned}
$$

ce qui implique

$$|\langle x, y \rangle| < \|x\| \|y\|$$

Ainsi avec le premier cas, nous avons l'inégalité $\leq$.

Définition 160 *La **distance Euclidienne** est une application du produit cartésien $E \times E$ d'un espace Euclidien E notée d dans $\mathbb{R}^+ \cup \{0\}$ qui associe à tout $(x, y) \in E \times E$ la valeur $d(x, y) = \|y - x\|$. Ainsi lespace vectoriel E est un espace métrique noté (E, d).*

De la définition précédente, la distance dans un espace Euclidien en plus de la notion géométrique, elle peut induire une structure topologique sur cet espace dont les ouverts sont les boules ouvertes $B(0, r) = \{x \in E, d(0, x) < r\}$. Baser sur le théorème 159, il est facile à démentrer les propriétés suivantes :

Théorème 161 *Soit* $(E, \langle \cdot, \cdot \rangle)$ *un espace Euclidien, alors,*

1. $\forall x, y \in E,\ d(x, y) = 0 \Leftrightarrow x = y$ *(notion de séparation).*
2. $\forall x, y \in E,\ d(x, y) = d(y, x)$ *(symétrie)* .
3. $\forall x, y \in E,\ \|x + y\| \leq \|x\| + \|y\|$ *(l'inégalité triangulaire)*

Définition 162 *On appelle* **angle** *entre deux vecteurs* x *et* y *le nombre réel* θ *satisfaisant la relation*

$$\langle x, y \rangle = \|x\| \, \|y\| \cos \theta$$

De la définition précédente, on a **le théorème de Pythagore** qui affirme que le carré de la longueur de l'hypoténuse, qui est le côté opposé à l'angle droit, est égal à la somme des carrés des longueurs des deux autres côtés. Le théorème peut être interprété par la suivante

$$\forall x, y \in E, \langle x, y \rangle = 0 \Leftrightarrow \|x + y\|^2 = \|x\|^2 + \|y\|^2$$

Enfin

$$\|x + y\|^2 = \langle x + y, x + y \rangle = \|x\|^2 + \|y\|^2 + 2 \langle x, y \rangle$$

En plus de la géométrie, le théorème a son application en arithmétique, les entiers qui satisfont le théorème s'appellent **Triplet pythagoricien**, i.e. (a, b, c) est triplet pythagorcien si $a^2 + b^2 = c^2$, comme $(3, 4, 5), (5, 12, 13), (8, 15, 17),...$

Définition 163 *Soient* $(E, \langle \cdot, \cdot \rangle_E),\ (F, \langle \cdot, \cdot \rangle_F)$ *deux espaces Euclidiens munis de leurs produit scalaires et* $f \in \ell(E, F)$ *.On appelle* **application adjointe** *l'application linéaire* $f^* \in \ell(F, E)$ *satisfaisant la condition*

$$\forall x \in E, \forall y \in F, \langle f(x), y \rangle_F = \langle x, f^*(y) \rangle_E$$

Proposition 164 *Dans les bases canoniques de* $\mathbb{R}^n$ *et* $\mathbb{R}^m$ *munis des produits scalaires standards, La matrice associée à* $f^* \in \ell(\mathbb{R}^m, \mathbb{R}^n)$ *est égale à la transposée de la matrice associée à* f.

Preuve. Soit $A = (a_{ij})_{m \times n}$ la matrice associée à $f \in \ell(\mathbb{R}^n, \mathbb{R}^m)$, alors

$$\forall x = (x_1, ... x_n),\ f(x) = Ax = \left(\sum_{j=1}^{n} a_{1j} x_j, ..., \sum_{j=1}^{n} a_{mj} x_j \right)$$

$$\forall y (y_1, ... y_m), \langle f(x), y \rangle_{\mathbb{R}^m} = \sum_{i=1}^{m} \left(\sum_{j=1}^{n} a_{ij} x_j \right) y_i$$

$$= \sum_{j=1}^{n} \left(\sum_{i=1}^{m} a_{ji} y_i \right) x_j = \langle x, f^*(y) \rangle_{\mathbb{R}^n}$$

ce qui implique que la matrice associée à f^* est $(a_{ji})_{n \times m} = A^\top$. ∎

Il est conseillé aux étudiants de redémontrer la proposition pour les petites valeurs de n et m.

Définition 165 *Soit* $(E, \|\cdot\|)$ *un espace normé. Un endomorphime* $f \in \ell(E)$ *s'appelle une isométrie si*

$$\forall x \in E, \|f(x)\| = \|x\|$$

Définition 166 *Soit* $(E, \langle \cdot, \cdot \rangle)$ *un espace Euclidien. Un endomorphime* $f \in \ell(E)$ *s'appelle une application orthogonale si*

$$\forall x, y \in E, \langle f(x), f(y) \rangle = \langle x, y \rangle$$

De la définition précédente, on a le théorème suivant

Théorème 167 *Soient* $(E, \langle \cdot, \cdot \rangle)$ *un espace Euclidien et* $f \in \ell(E)$, *alors* f *est orthogonal*$\Leftrightarrow f^* = f^{-1}$.

Preuve.

$$
\begin{aligned}
f \text{ est orthogonal} \quad &\Leftrightarrow \quad \forall x, y \in E, \langle x, y \rangle = \langle f(x), f(y) \rangle = \langle x, f^*f(y) \rangle \\
&\Leftrightarrow \quad \langle x, y - f^*f(y) \rangle = 0 \Leftrightarrow \langle x, (I - f^* \circ f)y \rangle = 0 \\
&\Leftrightarrow \quad I - f^* \circ f = 0 \Leftrightarrow f^* = f^{-1}
\end{aligned}
$$

∎

Signalons que la définition 151 et la définition 167 sont équivalentes.

L'espace Hermitien

Définition 168 *Soit* E *un* $\mathbb{C}-$*espace vectoriel de dimension finie. On appelle forme hermitienne l'application* $h : E \times E \to \mathbb{C}$ *satisfaisant les conditions suivantes :*

1.

$$
\begin{aligned}
\forall x, x', y, y' \quad &\in \quad E, h(x + x', y) = h(x, y) + h(x', y) \\
&et \\
h(x, y + y') \quad &= \quad h(x, y) + h(x, y')
\end{aligned}
$$

2.

$$\forall x, y \in E, \forall \lambda \in \mathbb{C}, h(\lambda x, y) = \lambda h(x, y) = h\left(x, \overline{\lambda} y\right)$$

3.
$$\forall x, y \in E, h(x, y) = \overline{h(y, x)}$$

Si h satisfait les deux premières conditions seulement, alors elle s'appelle forme sesquilinéaire. La forme hermitienne est dite produit scalaire hermitien si sa forme quadratique $q(x) = h(x,x) > 0$ pour tout $x \neq 0$ [1]. L'espace (E, h) s'appelle espace hermitien.

Remarque 169   *1. Toutes les notions, les théorèmes, les résultats et les propriétés dans l'espace Euclidien sont valables dans l'espace hermitien en prenant compte les calculs ($h(x, \lambda y) = \overline{\lambda} h(x, y)$ et $h(x, y) = \overline{h(y, x)}$)*

2. Le prduit scalaire standard de $\mathbb{C}^n$ est donné ainsi par

$$\forall x = (x_1, \ldots x_n), y = (y_1, \ldots y_n) \in \mathbb{C}^n, \quad \langle x, y \rangle_{\mathbb{C}^n} = \sum_{i=1}^{n} x_i \overline{y_i}$$

3. L'application (la matrice) orthogonale dans l'espace hermitien s'appelle unitaire. La transposée de la conjuguée complexe d'une matrice A s'appelle l'adjointe de A, notée A^* (i.e. $A^* = \left(\overline{A}\right)^{\top}$).

4. Une matrice carrée complexe A est dite auto-adjointe ou hermitienne si $A = A^*$.

5. Le théoème spectral dans le cas complexe devient comme suit :

Théorème 170 *Toute matrice hermitienne est diagonalisable dans une base orthonormée des vecteurs propres.*

Théorème 171 *Les valeurs propres d'une matrice hermitienne A sont toutes réelles. elles sont totalement positives (positive) si A est définie positive, i.e. $\forall x \in E$, $x^T A x > 0$ (positive, i.e. $x^T A x \geq 0$).*

---

[1]Remarquons que $q(x) \in \mathbb{R}$, car $q(x) = h(x,x) = \overline{h(x,x)}$.

Quelques sujets d'examens de l'algèbre 4

Examen d'algèbre 4, Mai 2017

Université L'Arbi Ben Mhidi, Oum-El-Bouaghi

Faculté SENV, Département de M.I.

Cotrôle d'algèbre 4

Mai 2017

Instructions. Nom, prénom et classe doivent être figurés sur la copie. Écrire plus lisiblement ave un stylo bleu ou noir. Toute réponse **non justifiée** sera considérée **nulle**. Toute **méthode hors question** sera considérée **fausse**. Toute copie mal présentée ne sera pas corrigée.

1. **Exercice.**(a : 8 points, b : 2 points, c : 2 points)

    (a) En utilisant les valeurs propres d'une matrice diagonaliser dans une base orthonormée la forme quadratique suivante :

    $$q(X) = 3x_1^2 - 2x_1x_3 + 4x_2^2 + 3x_3^2.$$

    (b) Déduire la signature et le rang de q. La forme est -elle dégénérée ? La forme est-elle définie (semi-definie) positive, négative, non définie ?

    (c) Déterminer les vecteurs isotropes en déduire le noyau de q..

2 **Exercice.**(a : 2 point, b : 2 points) Dans un espace Euclidien, montrer les propositions suivantes :

    (a) Les vecteurs propres associés aux valeurs propres distinctes sont deux à deux orthogonaux.

    (b) Les vecteurs orthogonaux sont libres.

3 **Exercice.**(a : 2 points, b : 2 points)

    (a) Déterminer l'application adjointe f^* de $f(x, y) = x + y$ pour le produit scalaire standard de $\mathbb{R}^n$.

    (b) En utilisant les concepts des espaces Euclidiens, montrer :

    $$\frac{n^2(n+1)^2}{4} \leq n\left(1 + 4 + \dots + n^2\right)$$

Corrigé type de l'examen de l'algèbre 4, Mai 2017

Exercice 1 :

a) $A = \begin{pmatrix} 3 & 0 & -1 \\ 0 & 4 & 0 \\ -1 & 0 & 3 \end{pmatrix}$, polynôme caractéristique :

$$X^3 - 10X^2 + 32X - 32 = (X - 4)^2 (X - 2)$$

Les ecteurs propres :

$$\left\{ \begin{pmatrix} 1 \\ 0 \\ 1 \end{pmatrix} \right\} \leftrightarrow 2, \left\{ \begin{pmatrix} 0 \\ 1 \\ 0 \end{pmatrix}, \begin{pmatrix} -1 \\ 0 \\ 1 \end{pmatrix} \right\} \leftrightarrow 4.$$

Ainsi on la base orthonormée :

$$\left\{ \varepsilon_1 = \begin{pmatrix} \frac{\sqrt{2}}{2} \\ 0 \\ \frac{\sqrt{2}}{2} \end{pmatrix}, \varepsilon_2 = \begin{pmatrix} 0 \\ 1 \\ 0 \end{pmatrix}, \varepsilon_3 = \begin{pmatrix} -\frac{\sqrt{2}}{2} \\ 0 \\ \frac{\sqrt{2}}{2} \end{pmatrix} \right\}.$$

On pose $P = \begin{pmatrix} \frac{\sqrt{2}}{2} & 0 & \frac{-\sqrt{2}}{2} \\ 0 & 1 & 0 \\ \frac{\sqrt{2}}{2} & 0 & \frac{\sqrt{2}}{2} \end{pmatrix}$, on a $P^{-1}AP = D = \begin{pmatrix} 2 & & \\ & 4 & \\ & & 4 \end{pmatrix}$,

ce qui donne

$$q(X) = 2x^2 + 4y^2 + 4z^2, \text{ où } X = x\varepsilon_1 + y\varepsilon_2 + z\varepsilon_3.$$

b) De ce qui précède, on en deduit la signature $(P, N) = (3, 0)$, ce qui donne le rang de q est $r = P + N = 3 + 0 = 3 = P = \dim \mathbb{R}^3$. Ainsi la forme est definie positive.

c) Les vecteurs isotropes sont les vecteurs X qui vérifient $q(X) = 0$, ce qui donne $X = 0$. Comme $\ker q$ est une partie de l'ensemble des vecteurs isotropes, on conclue que $\ker q = \{0\}$. Ceci est confirmé par les résultats dans b.

<u>Exercice 2 :</u>

a) Rappelons d'abord que dans la base canonique d'un espace Euclidien, l'adjointe d'une matrice (une application linéaire) est égale a sa transposée, d'autre part, une matrice et sa transposée ont les même valeurs propres. Soient u et v deux vecteurs propres d'une matrice A associés aux valeurs propres distinctes α et β resp. Alors

$$\alpha \langle u, v \rangle = \langle \alpha u, v \rangle = \langle Au, v \rangle = \langle u, A^*v \rangle = \langle u, A^tv \rangle = \langle u, \beta v \rangle = \beta \langle u, v \rangle,$$

ainsi,

$$(\alpha - \beta) \langle u, v \rangle = 0$$
$$\alpha - \beta \neq 0 \Rightarrow \langle u, v \rangle = 0.$$

b) Soient u et v deux vecteurs orthogonaux non nuls et $\alpha \in \mathbb{R}$, tels que $u = \alpha v$. Alors

$$0 = \langle u, v \rangle = \langle \alpha v, v \rangle = \alpha \langle v, v \rangle$$
$$\langle v, v \rangle \neq 0 \Rightarrow \alpha = 0,$$

ce qui fait u et v sont libres.

Exercice 3 :

a) $f^* : \mathbb{R} \longrightarrow \mathbb{R}^2$, tel que $\forall x_1, x_2, x \in \mathbb{R}$, $\langle f(x_1, x_2), x \rangle = \langle (x_1, x_2), f^*(x) \rangle$. D'où, il existe $a, b \in \mathbb{R}$, tels que

$$(x_1 + x_2) x = \langle (x_1, x_2), (ax, bx) \rangle = a x_1 x + b x_2 x.$$

Ainsi, dans les bases canonique de $\mathbb{R}$ et $\mathbb{R}^2$ nous obetnons

$$\langle f(1, 0), 1 \rangle = \langle (1, 0), f^*(1) \rangle \Rightarrow 1 = a$$
$$\langle f(0, 1), 1 \rangle = \langle (0, 1), f^*(1) \rangle \Rightarrow 1 = b$$

ce qui donne $\forall x \in \mathbb{R}$, $f^*(x) = (x, x)$.

b) Oon prend l'inégalité de Cauchy-schwarz dans $\mathbb{R}^n$, pour $X = (x_1, ..., x_n)$, $Y = (y_1, ..., y_n)$, on a

$$\left| \sum_{i=1}^{n} x_i y_i \right| \leq \sqrt{\sum_{i=1}^{n} x_i^2} \sqrt{\sum_{i=1}^{n} y_i^2}$$

et on prend $X = (1, 1, ..., 1)$, $Y = (1, 2, 3, .., n)$, on obtient

$$\frac{n(n+1)}{2} = 1 + 2 + ... n \leq \sqrt{n} \sqrt{\sum_{i=1}^{n} i^2}.$$

On prend les carrés des deux membres, on obtient le résultat désiré.

Examen de rattrappage d'algèbre 4, Juin 2017

Université L'Arbi Ben Mhidi, Oum-El-Bouaghi

Faculté SENV, Département de M.I.

Cotrôle de rattrapage d'algèbre 4

Juin 2017

Instructions. Nom, prénom et classe doivent être figurés sur la copie. Écrire plus lisiblement ave un stylo bleu ou noir. Toute réponse **non justifiée** sera considérée **nulle**. Toute **méthode hors question** sera considérée **fausse**. Toute copie mal présentée ne sera pas corrigée.

1. **Exercice.**(a : 2 points, b : 2 points, c : 2 points, d : 4 points)

   (a) Déterminer la forme bilinéaire φ associée à la forme quadratique suivante :

   $$q(X) = \frac{3}{2}x_1^2 - x_1 x_3 + 2x_2^2 + \frac{3}{2}x_3^2.$$

   (b) Déterminer l'orthogonal de $E = vect\{v = (1, -1, 0)\}$ pour la forme φ.

   (c) Montrer que E et $E^\perp$ forment une somme directe de $\mathbb{R}^3$.

   (d) Déduire une base de $\mathbb{R}^3$ orthonormée pour φ .

2 **Exercice.**(a : 2, 5 point, b : 2, 5 points) Dans l'espace Euclidien $\mathbb{R}^n$, montrer les propositions suivantes :

   (a) Lapplication $\|.\| : \mathbb{R}^n \longrightarrow \mathbb{R}^+ \cup \{0\}$, $\|(x_1, ..., x_n)\| = \sqrt{\sum_{i=1}^{n} x_i^2}$ est bien une norme.

   (b) Lapplication $d : \mathbb{R}^n \times \mathbb{R}^n \longrightarrow \mathbb{R}^+ \cup \{0\}$, $d(x, y) = \|x - y\|$ est bien une distance.

3 **Exercice.**(a : 2 points, b : 3 points)

   (a) Déterminer l'application adjointe f^* de $f(x) = (x, -x)$ pour le produit scalaire standard de $\mathbb{R}^n$, $n = 1, 2$.

   (b) Déterminer la base duale de la base canonique de $\mathbb{R}_2[X]$.

Corrigé type de l'examen du rattrapage de l'algèbre 4, Juin 2017

Exercice 1 :

a) (2 points) on peut obtenir φ de la forme polaire de q ou de sa matrice associée.

$$\varphi(x, y) = \frac{3}{2}x_1 y_1 - \frac{1}{2}x_1 y_3 + 2x_2 y_2 - \frac{1}{2}x_3 y_1 + \frac{3}{2}x_3 y_3$$

b) (2 points)

$$E^\perp = \left\{ (x_1, x_2, x_3) \in \mathbb{R}^3, \varphi\left((x_1, x_2, x_3), (1, -1, 0)\right) = 0 \right\}$$

ce qui donne

$$\frac{3}{2}x_1 - 2x_2 - \frac{1}{2}x_3 = 0 \Rightarrow x_3 = 3x_1 - 4x_2$$

Ainsi,

$$E^\perp = vect\left\{ u = (1, 0, 3), w = (0, 1, -4) \right\}$$

c) (2 points) Il suffit de montrer que $\{v, u, w\}$ est libre, donc c'est une base de $\mathbb{R}^3 = base$ de $E \cup base$ de $E^\perp$.

d) (4 points). On a $v \perp u$ et $v \perp w$ pour φ, tandisque $\varphi(u, w) = -16 \neq 0$. Donc on utilise la méthode de Gram-Schmidt pour obtenir une base orthogonale. On pose

$$u' = u = (1, 0, 3), w' = \frac{-\varphi(u, w)}{q(u)}u + w = \frac{16}{12}u + w = \left(\frac{4}{3}, 1, 0\right)$$

Ainsi, on a $\{v, u', w'\}$ une base orthogonale pour φ. Maintenant pour obtenir $\{\varepsilon_1, \varepsilon_2, \varepsilon_3\}$ une base orthonormée, on pose

$$\varepsilon_1 = \frac{v}{\sqrt{q(v)}} = \left(\frac{\sqrt{14}}{7}, \frac{-\sqrt{14}}{7}, 0\right),$$

$$\varepsilon_2 = \frac{u}{\sqrt{q(u)}} = \left(\frac{\sqrt{3}}{6}, 0, \frac{\sqrt{3}}{2}\right),$$

$$\varepsilon_3 = \frac{w'}{\sqrt{q(w')}} = \left(\frac{2\sqrt{42}}{21}, \frac{\sqrt{42}}{14}, 0\right)$$

Exercice 2 : Voir le cours : l'espace Euclidien.

Exercice 3 :

a) (2 points). On a $f(x) = (x, -x)$ ce qui implique que $f^* : \mathbb{R}^2 \longrightarrow \mathbb{R}$, $f^*(x, y) = ax + by$, tel que

$$\langle f(1), (x, y) \rangle = \langle 1, ax + by \rangle$$
$$\langle (1, -1), (x, y) \rangle = ax + by \Rightarrow x - y = ax + by \Rightarrow a = 1, b = -1$$

Ainsi, on a $f^*(x, y) = x - y$.

b) (3 points). La base canonique de $\mathbb{R}_2[X]$ est $\{1, x, x^2\}$, d'où $\{1^*, x^*, (x^2)^*\}$ est la base duale de $(\mathbb{R}_2[X])^*$. i.e.

$$
\begin{aligned}
1^*(1) &= 1, 1^*(X) = 0 = 1^*\left(X^2\right) \\
X^*(X) &= 1,\ X^*(1) = 0 = X^*\left(X^2\right) \\
\left(x^2\right)^*\ X^2) &= 1,\ \ x^2)^*(1) = 0 = \left(x^2\right)^*(X)
\end{aligned}
$$

Ainsi,

$$
\begin{aligned}
\forall p(X) &\in\ \mathbb{R}_2[X], \\
1^*(p(X)) &= p(0), \\
x^*(p(X)) &= p'(0), \\
\left(x^2\right)^*(p(X)) &= \frac{1}{2}p''(0),
\end{aligned}
$$

où p' et p'' sont les dérivés de p.

Examen d'algèbre 4, Mai 2018
Université L'Arbi Ben Mhidi, Oum-El-Bouaghi
Faculté SENV, Département de M.I.
Cotrôle d'algèbre 4
29 Mai 2018

Instructions. Nom, prénom et classe doivent être figurés sur la copie. Écrire plus lisiblement ave un stylo bleu ou noir seulement. Toute réponse non justifiée sera considérée nulle. Toute copie mal présentée ne sera pas corrigée.

Exercice 172 (*2 points à chaque question*) *Soit*

$$M = \begin{pmatrix} a & 0 & -1 \\ 0 & 2 & 0 \\ -1 & 0 & -a \end{pmatrix}$$

1. *Déterminer la forme bilinéaire φ_M de M.*

2. *Selon les valeurs du réel a, déterminer l'orthogonal pour φ_M de $F = vect\{(1, -1, 2)\}$.*

3. *Pour quelles valeurs de a, $F \oplus F^\perp = \mathbb{R}^3$*

4. *Calculer le déterminant de M, en déduire l'orthogonal de $\mathbb{R}^3$ pour φ_M.*

5. *Par la méthode de Gauss, réduire la forme quadratique q de la forme φ_M.*

6. *En déduire La signature de q.*

7. *Dans quel cas la forme q n'est pas définie.*

8. *Déterminer les formes linéaires $l_i : \mathbb{R}^3 \to \mathbb{R}$ dans la forme diagonale de q, forment -elles une base ? déterminer la base antéduale.*

Exercice 173 (*4 points*) *Dans la base canonique de $\mathbb{R}^2$, déterminer l'adjoint pour la forme quadratique $q(X) = x^2 - 2xy$ de l'endomorphisme*

$$f(x, y) = (x + y, x - y)$$

Corrigé type de l'examen de l'algèbre 4, Mai 2018

Solution de l'exercice 1

1. La forme bilinéaire φ_M de M.

   Soit
   $$x = (x_1, x_2, x_3), y = (y_1, y_2, y_3) \in \mathbb{R}^3,$$
   $$\varphi_M(x, y) = x^t M y = ax_1 y_1 - 2x_1 y_3 + 2x_2 y_2 - ax_3 y_3$$

2. L'orthogonal pour φ_M de $F = vect\{(1, -1, 2)\}$
   $$F^\perp = \left\{ X = (x, y, z) \in \mathbb{R}^3, \forall y \in F, \varphi_M(X, y) = 0 \right\}$$

   Posons $v = (1, -1, 2)$, alors $\forall y \in F \exists \alpha \in \mathbb{R}$, $y = \alpha v$, ce qui donne
   $$\varphi_M(X, y) = \varphi_M(X, \alpha v) = \alpha \varphi_M(X, v)$$

   Ainsi nous avons l'équivalence
   $$\begin{aligned} \varphi_M(X, y) &= 0 \Leftrightarrow \varphi_M(X, v) = 0 \\ &\Leftrightarrow (a-2)x - 2y - (2a+1)z = 0 \\ &\Leftrightarrow X = x\left(1, \frac{a-2}{2}, 0\right) + z\left(0, \frac{2a+1}{2}, 1\right), \end{aligned}$$

   d'où
   $$F^\perp = vect\left\{ \left(1, \frac{a-2}{2}, 0\right), \left(0, \frac{2a+1}{2}, 1\right) \right\}.$$

3. Les valeurs de a, pour lesquels $F \oplus F^\perp = \mathbb{R}^3$

   Nous avons $\dim F + \dim F^\perp = 3$, donc il suffit de chercher les valeurs de a pour lesquels $v \notin F^\perp$, i.e.
   $$\varphi_M(v, v) \neq 0 \Rightarrow a \neq \frac{-2}{3}$$

4.
   $$\det M = -2a^2 - 2 = -2(a^2 + 1) \neq 0 \forall a \in \mathbb{R}$$

   Comme l'orthogonal de $\mathbb{R}^3$ est égal au noyau de φ_M qui est à son tour égal au noyau de M, nous en déduisons que $(\mathbb{R}^3)^\perp = \{0\}$.

5.
   $$q(X) = ax^2 - 2xz + 2y^2 - az^2$$

   Pour réduire la forme q nous distinguons deux cas :

   1er cas : si $a = 0$, alors

   $$q(X) = 2y^2 - 2(x+z)(x-z) = -2x^2 + 2y^2 + 2z^2, \quad X = (x+z, y, x-z)$$

   2ème cas : Pour $a \neq 0$, nous avons

   $$q(X) = a\left(x - \frac{1}{a}z\right)^2 + 2y^2 - \left(\frac{a^2+1}{a}\right)z^2, \quad X = \left(x - \frac{1}{a}z, y, z\right)$$

6. La classification de q :

   i) Notons pour p le nombre des coefficients positifs et pour N le nombre des coefficients négatifs et rappelons que la forme n'est pas définie si $p \neq n$ ou $N \neq n$.

   i) Pour $a = 0$, c'est claire $s = (p, N) = (2, 1)$, on en déduit que q n'est pas définie.

   ii) Pour $a > 0$, on a $- \left(\frac{a^2+1}{a} \right) < 0$, ainsi, $s = (p, N) = (2, 1)$, on en déduit que q n'est pas définie.

   iii) Pour $a < 0$, $- \left(\frac{a^2+1}{a} \right) > 0$, ainsi $s = (p, N) = (2, 1)$, on en déduit que q n'est pas définie

7. On conclu que la forme est non définie pour toutes les valeurs de a.

8. Les formes linéaires dans la forme diagonale de q :

   i) Pour $a = 0$, on a

$$l_1 (x, y, z) = x + z, l_2 (x, y, z) = y, l_3 (x, y, z) = x - z$$

   ainsi nous avons la matrice

$$A = \begin{pmatrix} 1 & 0 & 1 \\ 0 & 1 & 0 \\ 1 & 0 & -1 \end{pmatrix} \Rightarrow A^{-1} = \begin{pmatrix} \frac{1}{2} & 0 & \frac{1}{2} \\ 0 & 1 & 0 \\ \frac{1}{2} & 0 & -\frac{1}{2} \end{pmatrix}$$

   Par suite la base antéduale est

$$\left\{ \left(\frac{1}{2}, 0, \frac{1}{2} \right), (0, 1, 0), \left(\frac{1}{2}, 0, -\frac{1}{2} \right) \right\}$$

ii) Pour $a \neq 0$,

$$l_1 (x, y, z) = x - \frac{1}{a} z, l_2 (x, y, z) = y, l_3 (x, y, z) = z$$

   ainsi nous avons la matrice

$$A = \begin{pmatrix} 1 & 0 & -\frac{1}{a} \\ 0 & 1 & 0 \\ 0 & 0 & 1 \end{pmatrix} \Rightarrow A^{-1} = \begin{pmatrix} 1 & 0 & \frac{1}{a} \\ 0 & 1 & 0 \\ 0 & 0 & 1 \end{pmatrix}$$

   Par suite la base antéduale est

$$\left\{ (1, 0, 0), (0, 1, 0), \left(\frac{1}{a}, 0, 1 \right) \right\}$$

Solution de l'exercice 2 L'adjointe pour la forme quadratique q est égale à l'adjointe pour sa forme bilinéaire

$$\forall x = (x_1, x_2), y = (y_1, y_2) \in \mathbb{R}^2, \varphi(x, y) = x_1 y_1 - x_1 y_2 - x_2 y_1$$

Par définition,

$$\varphi(f(x), y) = \varphi(x, f^*(y)) \tag{9.1}$$

où

$$f(x) = (x_1 + x_2, x_1 - x_2), f^*(y) = (a_{11} y_1 + a_{12} y_2, a_{21} y_1 + a_{22} y_2) \tag{9.2}$$

De la relation (1) et (2), nous obtenons

$$(x_1 + x_2) y_1 - (x_1 + x_2) y_2 - (x_1 - x_2) y_1 \tag{9.3}$$
$$= x_1 (a_{11} y_1 + a_{12} y_2) - x_1 (a_{21} y_1 + a_{22} y_2) - x_2 (a_{11} y_1 + a_{12} y_2) \tag{9.4}$$

Dans la base canonique de $\mathbb{R}^2$, l'équation (1) donne le système suivant

$$\varphi(f(e_i), e_j) = \varphi(e_i, f^*(e_j)), \, i = 1, 2$$

Remplaçons les coordonnées des vecteurs x et y dans l'équation (3) par celles des vecteurs e_i de la base canonique, nous obtenons

$$\begin{cases} 2 = a_{11} - a_{21} \\ -1 = a_{12} - a_{22} \\ 2 = -a_{11} \\ -1 = -a_{12} \end{cases} \Rightarrow \begin{cases} a_{11} = -2 \\ a_{12} = 1 \\ a_{21} = -4 \\ a_{22} = 2 \end{cases}$$

ce qui donne

$$\forall (x, y) \in \mathbb{R}^2, f^*(x, y) = (-2x + y, -4x + 2y)$$

Examen de rattrapag d'algèbre 4, Juin 2018
Université L'Arbi Ben Mhidi, Oum-El-Bouaghi
Faculté SENV, Département de M.I.
Cotrôle de rattrapage d'algèbre 4
Juin 2018

Instructions. Nom, prénom et classe doivent être figurés sur la copie. Écrire plus lisiblement ave un stylo bleu ou noir seulement. Toute réponse non justifiée sera considérée nulle. Toute copie mal présentée ne sera pas corrigée.

Exercice 174 *Soit*

$$M = \begin{pmatrix} 1 & a & 0 \\ a & -1 & 0 \\ 0 & 0 & 2 \end{pmatrix}$$

1. *Déterminer la forme bilinéaire φ_M de M. (1 point)*

2. *Selon les valeurs du réel a, déterminer l'orthogonal pour φ_M de $F = vect\{(1, -1, 0)\}$ (2 points).*

3. *Pour quelles valeurs de a, $F \oplus F^{\perp} = \mathbb{R}^3$ (2 points)*

4. *Calculer le déterminant de M, en déduire l'orthogonal de $\mathbb{R}^3$ pour φ_M. (1 point)*

5. *Dans une base orthonormée des vecteurs propres, réduire la forme quadratique q de φ_M (6 points)*

6. *En déduire La signature de q (2 points).*

7. *Dans quel cas la forme q n'est pas définie (1 point).*

8. *Déterminer les formes linéaires $l_i : \mathbb{R}^3 \to \mathbb{R}$ dans la forme diagonale de q, forment -elles une base ? déterminer la base antéduale (3 points).*

Exercice 175 (*4 points*) *Utiliser les outils de l'espace Euclidien pour montrer l'inégalité suivante*

$$\forall n \in \mathbb{N}, n(n+1) \le 2\left(n\sum_{i=1}^{n} i^2\right)^{\frac{1}{2}}$$

Corrigé type de l'examen de rattrapage de l'algèbre 4, Juin 2018

<u>Solution de l'exercice 1</u>

1. La forme bilinéaire φ_M de M

$$\forall x = (x_1, x_2, x_3), y = (y_1, y_2, y_3) \in \mathbb{R}^3,$$
$$\varphi_M(x, y) = x_1 y_1 + a x_1 y_2 + a x_2 y_1 - x_2 y_2 + 2 x_3 y_3$$

2. L'othogonal de $F = vect\{(1, -1, 0)\}$

$$F^{\perp} = \left\{ X = (x, y, z) \in \mathbb{R}^3, \forall y \in F, \varphi_M(X, y) = 0 \right\}$$

Posons $v = (1, -1, 0)$, alors $\forall y \in F$, $\exists \lambda \in \mathbb{R}$, $y = \lambda v$, ce qui donne

$$\varphi_M(X, y) = \varphi_M(X, \lambda v) = \lambda \varphi_M(X, v)$$

Ainsi nous avons l'équivalence

$$\begin{aligned} \varphi_M(X, y) &= 0 \Leftrightarrow \varphi_M(X, v) = 0 \\ &\Leftrightarrow (1 - a)x + (1 + a)y = 0 \text{ et } z \in \mathbb{R} \end{aligned}$$

Distinguons les cas suivants :

i) **Pour** $a = 1$ ou $a = -1$, nous avons

$$(1 + a)y = 0 \Rightarrow y = 0 \text{ ou } (1 - a)x = 0 \Rightarrow x = 0$$

Ainsi

$$\begin{aligned} F^{\perp} &= \{(x, 0, z), x, z \in \mathbb{R}\} \text{ le plan } xOz \\ &\text{ou} \\ F^{\perp} &= \{(0, y, z), x, z \in \mathbb{R}\} \text{ le plan } yOz \end{aligned}$$

ii) **Pour** $a \neq \pm 1$,

$$F^{\perp} = \left\{ x\left(1, \frac{1-a}{1+a}, 0\right) + z(0, 0, 1), x, z \in \mathbb{R} \right\} \text{ le plan } uOz,$$
$$\text{où } u = \left(1, \frac{1-a}{1+a}, 0\right)$$

3. Nous avons $F \subset xOy$ et $\dim F + \dim F^{\perp} = 1 + 2 = 3$, ainsi

i) Pour $a = 1$ ou $a = -1$, on a $F \cap F^{\perp} = \{0\}$, alors $F \oplus F^{\perp} = \mathbb{R}^3$.

ii) Pour $a \neq \pm 1$, pour que $F \cap F^{\perp} \neq \{0\}$, il faut que

$$v \in F^{\perp} \Leftrightarrow \varphi_M(v; v) = 0 \Rightarrow a = 0$$

Donc

$$a \neq 0 \Leftrightarrow F \cap F^{\perp} = \{0\} \Rightarrow F \oplus F^{\perp} = \mathbb{R}^3$$

4.

$$\det M = -2 - 2a^2 = -2\left(a^2 + 1\right) \neq 0, \, \forall a \in \mathbb{R}$$

ce qui implique que M est inversible, ainsi

$$\left(\mathbb{R}^3\right)^{\perp} = \ker \varphi_M = \ker M = \{0\}$$

5. Les vecteurs propres de M et les valeurs propres associées

i) Pour $a \neq 0$

$$\left\{ \begin{pmatrix} -\frac{1}{a}\left(\sqrt{a^2 + 1} - 1\right) \\ 1 \\ 0 \end{pmatrix} \right\} \quad \leftrightarrow \quad -\sqrt{a^2 + 1},$$

$$\left\{ \begin{pmatrix} 0 \\ 0 \\ 1 \end{pmatrix} \right\} \quad \leftrightarrow \quad 2,$$

$$\left\{ \begin{pmatrix} \frac{1}{a}\left(\sqrt{a^2 + 1} + 1\right) \\ 1 \\ 0 \end{pmatrix} \right\} \quad \leftrightarrow \quad \sqrt{a^2 + 1}$$

Nous avons les vecteurs propres sont deux à deux orthogonaux car toutes les valeurs propres sont distinctes. Ainsi il suffit de les normaliser. Alors

$$\varepsilon_1 = \frac{a}{\sqrt{2a^2 + 2 - 2\sqrt{a^2 + 1}}} \begin{pmatrix} -\frac{1}{a}\left(\sqrt{a^2 + 1} - 1\right) \\ 1 \\ 0 \end{pmatrix}$$

$$\varepsilon_2 = \begin{pmatrix} 0 \\ 0 \\ 1 \end{pmatrix},$$

$$\varepsilon_3 = \frac{a}{\sqrt{2a^2 + 2 + 2\sqrt{a^2 + 1}}} \begin{pmatrix} \frac{1}{a}\left(\sqrt{a^2 + 1} + 1\right) \\ 1 \\ 0 \end{pmatrix}$$

Par suite,

$$P^{-1}MP = diag\left(-\sqrt{a^2 + 1}, 2, \sqrt{a^2 + 1}\right) = P^{\top}MP,$$

où $P = \begin{pmatrix} -\frac{\sqrt{a^2+1}-1}{\sqrt{2a^2+2-2\sqrt{a^2+1}}} & 0 & \frac{\left(\sqrt{a^2+1}+1\right)}{\sqrt{2a^2+2+2\sqrt{a^2+1}}} \\ \frac{a}{\sqrt{2a^2+2-2\sqrt{a^2+1}}} & 0 & \frac{a}{\sqrt{2a^2+2+2\sqrt{a^2+1}}} \\ 0 & 1 & 0 \end{pmatrix}$

Par conséquent, la forme diagonale de la forme quadratique est la suivante

$$q(X) = -\sqrt{a^2+1}\, l_1^2 + 2\, l_2^2 + \sqrt{a^2+1}\, l_3^2,$$
$$\text{où } X = l_1 \varepsilon_1 + l_2 \varepsilon_2 + l_3 \varepsilon_3$$

ii) Pour $a = 0$, $M = \begin{pmatrix} 1 & 0 & 0 \\ 0 & -1 & 0 \\ 0 & 0 & 2 \end{pmatrix}$, la matrice est diagonale,

ainsi la base orthonormée est la base canonique $\{e_1, e_2, e_3\}$ et la forme diagonale de q est la suivante

$$q(X) = x^2 - y^2 + 2z^2, \text{ où } X = xe_1 + ye_2 + ze_3$$

6. La signature de q dans les deux cas est $(p, N) = (2, 1)$.

7. La forme quadratique n'est pas définie dans les deux cas car $p < 3$ et $N < 3$

8. D'après le resultat dans la question 6, les formes linéaires dans le cas où $a \neq 0$ sont données par

$$P \begin{pmatrix} l_1 \\ l_2 \\ l_3 \end{pmatrix} = \begin{pmatrix} x \\ y \\ z \end{pmatrix} \Rightarrow \begin{pmatrix} l_1 \\ l_2 \\ l_3 \end{pmatrix} = P^{-1} \begin{pmatrix} x \\ y \\ z \end{pmatrix} = P^{\top} \begin{pmatrix} x \\ y \\ z \end{pmatrix}$$

ce qui donne

$$l_1(x,y,z) = \left(\frac{-\sqrt{2}\sqrt{a^2+1}-1}{2\sqrt{a^2-\sqrt{a^2+1}+1}} \right) x + \left(\frac{\sqrt{2}a}{2\sqrt{a^2-\sqrt{a^2+1}+1}} \right) y$$
$$l_2(x,y,z) = z$$
$$l_3(x;y;z) = \left(\frac{\sqrt{2}\sqrt{a^2+1}+1}{2\sqrt{\sqrt{a^2+1}+a^2+1}} \right) x + \left(\frac{\sqrt{2}a}{2\sqrt{\sqrt{a^2+1}+a^2+1}} \right) y$$

Alors l_1, l_2, l_3 sont les lignes de la matrice $P^{\top} = P^{-1}$, donc elle forment une base de $(\mathbb{R}^3)^*$, et la base antéduale est formée des colonnes de la matrice P, c'est donc $\{\varepsilon_1, \varepsilon_2, \varepsilon_3\}$.

Dans le cas où $a = 0$, les formes linéaires sont juste les projections sur les axes ox, oy, oz, i.e.

$$l_1(x,y,z) = x, l_2(x,y,z) = y, l_3(x;y;z) = z,$$

et la base antéduale de la base $\{l_1, l_2, l_3\}$ est la base canonique $\{e_1, e_2, e_3\}$.

Solution de l'exercice 2

Nous prenons

$$x = (1, 1, ..., 1), \, y = (1, 2, ..., n) \in \mathbb{R}^n$$

Maintenant nous appliquons l'inégalité de Cauchy-schwarz dans l'espace Euclidien $(\mathbb{R}^n \, \langle \cdot, \cdot \rangle)$, nous obtenons

$$\langle x, y \rangle = 1 + 2 + ... + n \leq \|x\| \, \|y\| = \sqrt{n}\sqrt{1 + 2^2 + .. + n^2}$$

D'autre part

$$1 + 2 + ... + n = n\frac{n+1}{2}, \, \sqrt{n}\sqrt{1 + 2^2 + .. + n^2} = \left. n\sum_{i=1}^{n} i^2 \right)^{\frac{1}{2}}$$

ce qui donne le resultat en question.

Annexe A

Généralisation et applications de quelques formes canoniques

Dans cet appendice nous avons généralisé le théorème de décomposition en valeurs propres aux matrices rectangulaires en utilisant le théorème spectral. Cette généralisation s'appelle : Décomposition en Valeurs Singulières, abrégée dans DVS (où SVD ; de l'anglais : Singular Value Decomposition).

Basée sur la méthode de Gram-Schmidt, nous avons aussi la décomposition QR d'une matrice rectangulaire. Nous avons démontré aussi que cette décomposition est un cas particulier de la décomposition à plein rang.

La décomposition en valeurs singulières (SVD)

Dans plusieurs branches de recherches, les données d'un phénomène se transmettent en forme du système d'équations linéaires où la matrice du système est rectangulaire. Pour étudier ces phénomènes ou déterminer une solution, il faut réduire cette matrice. De ce point de vue, la généralisation de la décomposition en valeurs propres (similitude d'une matrice carrée à une matrice diagonale) a eu lieu. Donc le but est de prendre une matrice carrée en relation avec la matrice des

125

données. Si A est une matrice rectangulaire complexe, alors les matrices AA^* et A^*A (resp. $AA^\top$ et $A^\top A$ dans le cas réel) sont les meilleures, car elles gardent les mêmes données du phénomène, de plus, elles sont hermitiennes (res. symétriques), ce qui permet d'appliquer le théorème spectral, Voir le théorème 149, Chap 8, et le théorème 170, Chap 9, Part 2. Pour l'interprétation géométrique de SVD, quelqu'un peut se référer à [3].

Théorème 176 *Soit* $A \in M_{m \times n}(\mathbb{K})$, *où* $\mathbb{K} = \mathbb{R}$ *ou* $\mathbb{K} = \mathbb{C}$. *Alors il existe l'unique factorisation de la forme :*

$$A = U\Sigma V^* \tag{A.1}$$

avec U *une matrice unitaire d'ordre* m *sur* $\mathbb{K}$, Σ *une matrice* $m \times n$ *dont les coefficients diagonaux sont des réels positifs ou nuls et tous les autres sont nuls, et* V, *matrice unitaire d'ordre* n *sur* $\mathbb{K}$. *Les colonnes de la matrice* U *sont des vecteurs propres orthonormés de la matrice* AA^*. *Les colonnes de la matrice* V *sont des vecteurs propres orthonormés de la matrice* A^*A.

Preuve. Rappelons d'abord que l'existence d'une base orthonormée pour un produit scalaire d'une base donnée, est unique. Nous laissons aux étudiants de vérifier que les matrices AA^* et A^*A sont hermitiennes et possèdent les mêmes valeurs propres **non nulles**. Ainsi, d'après le théorème 170, Chap 9, Part 2, AA^* est diagonalisable dans une base orthonormée des vecteurs propres. D'où il existe l'unique matrice unitaire U et l'unique matrice diagonale D telles que,

$$AA^* = UDU^*,$$

où les colonnes de la matrice U sont des vecteurs propres orthonormés associés aux valeurs propres λ_1, ..., λ_m de la matrice AA^* et $D = diag(\lambda_1,...,\lambda_m) = diag(\lambda_1,...,\lambda_r,...,0) = D_r \oplus 0$ au cas où il y a des valeurs nulles avec $r = rangA$. D'après le théorème 171 Chap. 9, Part. 2, on a λ_1, ..., λ_m sont toutes réelles positives ou nulles, Ainsi il existe $\sqrt{\lambda_1} = \sigma_1 \geq \sigma_2 \geq ... \geq \sigma_m = \sqrt{\lambda_m} \geq 0$. Par conséquent, selon les cas $r \leq m \leq n$ ou $r \leq n \leq m$, il existe une matrice $\Sigma \in M_{m \times n}(\mathbb{K})$ qui prend la forme de l'une des matrices partitionnées suivantes :

$$\Sigma = \begin{pmatrix} \sqrt{D_r} & 0 \\ 0 & 0 \end{pmatrix} = \begin{pmatrix} \sigma_1 & & & & & \\ & \ddots & & & 0 & \\ & & \sigma_r & & & \\ & & & 0 & & \\ 0 & & & & \ddots & \\ & & & & & 0 \end{pmatrix},$$

ou
$$\Sigma = \left(\begin{array}{cc} \sqrt{D_r} & 0 \end{array} \right),$$

ou
$$\Sigma = \left(\begin{array}{c} \sqrt{D_r} \\ 0 \end{array} \right)$$

ce qui donne
$$D = \Sigma\Sigma^*,$$

Ainsi,
$$AA^* = U\Sigma\Sigma^*U^*,$$

Appliquons le même raisonnement pour la matrice A^*A, alors,

$$A^*A = V\Sigma^*\Sigma V^*,$$

où $V \in M_n(\mathbb{K})$, telle que les colonnes de V sont les vecteurs propres orthonormés de la matrice A^*A.

Ainsi, on a
$$A = U\Sigma V^*,$$

car

$$
\begin{aligned}
(U\Sigma V^*)(V\Sigma^*U^*) &= U\Sigma(V^*V)\Sigma^*U^* = U\Sigma\Sigma^*U^* = AA^*, \\
(V\Sigma^*U^*)(U\Sigma V^*) &= V\Sigma^*(U^*U)\Sigma V^* = V\Sigma^*\Sigma V^* = A^*A.
\end{aligned}
$$

■

Définition 177 *Soit $A \in M_{m \times n}(\mathbb{K})$. La décomposition (A.1) dans le théorème 176 s'appelle la décomposition en valeurs singulières (SVD). Les colonnes de U s'appellent les vecteurs singuliers à gauche de la matrice A, tandis que Les colonnes de V s'appellent les vecteurs singuliers à droite de A.*

Remarque 178 *Soient $\sigma_1 \geq \sigma_2 \geq ... \geq \sigma_r > 0$ les valeurs singulières d'une matrice $A \in M_{m \times n}(\mathbb{K})$ de rang r. À partir de la donnée de sa SVD nous pouvons construire les sous-espaces vectoriels suivants :*

1. *l''espace des colonnes de A (col (A)) c'est l'image de A (Im A), il est engendré par les r premieres colonnes de la matrice U.*

2. *Le noyau de A(ker A ou null (A)) est engendré par les $n - r$ dernières colonnes de la matrice V.*

3. *l'espace des lignes de A (row (A)) est égal à l'espace des colonnes de A^*, il est engendré par les r premieres colonnes de la matrice V.*

4. *Le noyau de A^*(ker A^*) est engendré par les $m - r$ dernières colonnes de la matrice U.*

Ainsi $A = U\Sigma V^*$ est présentée par le schéma suivant :

$$\left(\begin{array}{cccccc} u_1| & \cdots & u_r| & u_{r+1}| \cdots & u_m| \\ \underbrace{}_{\text{col}\,(A)} & & & \underbrace{\phantom{u_{r+1} \cdots u_m}}_{\text{null}\,(A^*)} \end{array} \right) \left(\begin{array}{cccc} \sigma_1 & & & \\ & \ddots & & \\ & & \sigma_r & \\ & & & 0 \\ & & & & 0 \end{array} \right) \left(\begin{array}{l} \overline{v_1}^T \\ \cdots \\ \overline{v_r}^T \\ \overline{v_{r+1}}^T \\ \cdots \\ \overline{v_n}^T \end{array} \right) \begin{array}{l} \Big\} \text{row}\,(A) \\ \\ \\ \Big\} \, \textit{null}\,(A) \end{array}$$

$$(A.2)$$

Notons qu'en pratique au lieu de calculer les vecteurs propres orthonormés de A^*A, il est commode de les calculer à partir des vecteurs propres orthonormés de AA^* en utilisant la relation $AV = U\Sigma$, ce qui donne pour tout $i = 1, ..., n$,

$$Av_i = \sigma_i u_i.$$

Rappelons que l'une de nos plaintes à propos de l'élimination gaussienne était qu'il ne gérait pas le bruit ou les matrices presque singulières bien. SVD remédie à cette situation.

Par exemple, supposons qu'une matrice A d'ordre n soit presque singulière. En effet, peut-être que A devrait être singulière, mais en raison de données bruyantes, elle n'est pas tout à fait singulière. Cela apparaîtra dans Σ. Par exemple, quand toutes les n entrées diagonales dans Σ sont non-nulles et certaines des entrées diagonales sont presque nulles.

Plus généralement, une matrice A d'ordre n peut sembler avoir un rang r, mais quand on regarde Σ nous peut trouvons que certaines des valeurs singulières sont très proches de zéro. S'il y a de telles valeurs, alors le «vrai» rang de A est probablement $r - l$, et nous ferions bien de le modifier Σ. Plus précisément, nous devrions remplacer les valeurs singulières l près de zéro par zéro.

Exemple 179 *Soit*

$$A = \left(\begin{array}{ccc} 1.01 & 1.00 & 1.00 \\ 1.00 & 1.01 & 1.00 \\ 1.00 & 1.00 & 1.00 \end{array} \right),$$

Sa décomposition en SVD donne

$$U^*AV = \Sigma = \left(\begin{array}{ccc} 3.01 & 0 & 0 \\ 0 & 0.01 & 0 \\ 0 & 0 & 0.01 \end{array} \right),$$

Puisque $0,01$ est significativement plus petit que $3,01$, et plus proche de zéro, nous pourrions le considérer comme zéro et rang A comme un.

Exemple 180 *Les exemples suivants éclaircissent la preuve du théorème 176 et les différentes formes de la matrice Σ.*

Exemple 181 *Décomposer la matrice suivante en valeurs singuilières*

$$A = \begin{pmatrix} 3 & 0 \\ 0 & -2 \end{pmatrix}$$

Solution :

$$AA^* = \begin{pmatrix} 9 & 0 \\ 0 & 4 \end{pmatrix}$$

Calculons la matrice U.

Les vecteurs propres de AA^* sont $\left\{ \begin{pmatrix} 1 \\ 0 \end{pmatrix} \right\} \leftrightarrow 9, \left\{ \begin{pmatrix} 0 \\ 1 \end{pmatrix} \right\} \leftrightarrow 4$
et les valeurs singulières de la matrice A sont $\sigma_1 = 3$ et $\sigma_2 = 2$. Ainsi, les colonnes de la matrice V satisfont

$$Av_1 = \sigma_1 u_1 \text{ et } Av_2 = \sigma_2 u_2,$$

ce qui donne

$$v_1 = (1,0), \ v_2 = (0,-1).$$

Ainsi

$$A = U\Sigma V^* = \begin{pmatrix} 3 & 0 \\ 0 & -2 \end{pmatrix} = \begin{pmatrix} 1 & 0 \\ 0 & 1 \end{pmatrix} \begin{pmatrix} 3 & 0 \\ 0 & 2 \end{pmatrix} \begin{pmatrix} 1 & 0 \\ 0 & -1 \end{pmatrix}.$$

Exemple 182 *Si on change la matrice précédente par la matrice $A = \begin{pmatrix} 3 & 0 \\ 0 & -2 \\ 1 & 1 \end{pmatrix}$, alors, répétons la même méthode de calcul précédente, nous obtenons le résultat suivant (ce résultat est obtenu directement par l'application de Workplace pour les matrices) :*

$$\begin{pmatrix} 3 & 0 \\ 0 & -2 \\ 1 & 1 \end{pmatrix} = \begin{pmatrix} 0.922\,72 & 0.258\,75 & -0.285\,71 \\ -0.118\,47 & 0.895\,71 & 0.428\,57 \\ 0.366\,81 & -0.361\,61 & 0.857\,14 \end{pmatrix} \begin{pmatrix} 3.192\,6 & 0 \\ 0 & 2.192\,6 \\ 0 & 0 \end{pmatrix}$$

$$\begin{pmatrix} 0.981\,96 & 0.189\,11 \\ 0.189\,11 & -0.981\,96 \end{pmatrix}.$$

Exemple 183 *Soit $A = \begin{pmatrix} 1 & 1 & 0 \\ 2 & 0 & 1 \end{pmatrix}$, alors*

$$AA^T = \begin{pmatrix} 2 & 2 \\ 2 & 5 \end{pmatrix}, A^T A = \begin{pmatrix} 5 & 1 & 2 \\ 1 & 1 & 0 \\ 2 & 0 & 1 \end{pmatrix}.$$

Les valeurs propres de AA^T sont 1 et 6 et les vecteurs propres associés sont respectivement $\left(1, -\frac{1}{2}\right)$ et $(1, 2)$. Par le processus de Gram-Schmidt, nous obtenons

$$u_1 = \left(\frac{2}{5}\sqrt{5}, -\frac{1}{5}\sqrt{5}\right), \; u_2 = \left(\frac{1}{5}\sqrt{5}, \frac{2}{5}\sqrt{5}\right),$$

ce qui donne

$$U = \begin{pmatrix} \frac{2}{5}\sqrt{5} & \frac{1}{5}\sqrt{5} \\ -\frac{1}{5}\sqrt{5} & \frac{2}{5}\sqrt{5} \end{pmatrix}.$$

Les valeurs propres de $A^T A$ sont 1, 6 et 0, et les vecteurs propres associés sont respectivement $(0, -2, 1)$, $\left(\frac{5}{2}, \frac{1}{2}, 1\right)$ et $\left(-\frac{1}{2}, \frac{1}{2}, 1\right)$. Par le processus de Gram-Schmidt, nous obtenons

$$v_1 = \left(0, -\frac{2}{5}\sqrt{5}, \frac{1}{5}\sqrt{5}\right),$$

$$v_2 = \left(\frac{1}{6}\sqrt{30}, \frac{1}{30}\sqrt{30}, \frac{1}{15}\sqrt{30}\right),$$

$$v_3 = \left(-\frac{1}{6}\sqrt{6}, \frac{1}{6}\sqrt{6}, \frac{1}{3}\sqrt{6}\right),$$

ce qui donne

$$V = \begin{pmatrix} 0 & \frac{1}{6}\sqrt{30} & -\frac{1}{6}\sqrt{6} \\ -\frac{2}{5}\sqrt{5} & \frac{1}{30}\sqrt{30} & \frac{1}{6}\sqrt{6} \\ \frac{1}{5}\sqrt{5} & \frac{1}{15}\sqrt{30} & \frac{1}{3}\sqrt{6} \end{pmatrix}.$$

Enfin,

$$A = \begin{pmatrix} \frac{2}{5}\sqrt{5} & \frac{1}{5}\sqrt{5} \\ -\frac{1}{5}\sqrt{5} & \frac{2}{5}\sqrt{5} \end{pmatrix} \begin{pmatrix} 1 & 0 & 0 \\ 0 & \sqrt{6} & 0 \end{pmatrix} \begin{pmatrix} 0 & -\frac{2}{5}\sqrt{5} & \frac{1}{5}\sqrt{5} \\ \frac{1}{6}\sqrt{30} & \frac{1}{30}\sqrt{30} & \frac{1}{15}\sqrt{30} \\ -\frac{1}{6}\sqrt{6} & \frac{1}{6}\sqrt{6} & \frac{1}{3}\sqrt{6} \end{pmatrix}.$$

Exemple 184 *De la même manière, pour* $B = \begin{pmatrix} 1 & 0 & 0 & 0 & 2 \\ 0 & 0 & 3 & 0 & 0 \\ 0 & 0 & 0 & 0 & 0 \\ 0 & 2 & 0 & 0 & 0 \end{pmatrix},$

nous obtenons la décomposition en SVD suivante :

$$B = \begin{pmatrix} 0 & 0 & 1 & 0 \\ 0 & 1 & 0 & 0 \\ 0 & 0 & 0 & -1 \\ 1 & 0 & 0 & 0 \end{pmatrix} \begin{pmatrix} 2 & 0 & 0 & 0 & 0 \\ 0 & 3 & 0 & 0 & 0 \\ 0 & 0 & \sqrt{5} & 0 & 0 \\ 0 & 0 & 0 & 0 & 0 \end{pmatrix} \begin{pmatrix} 0 & 1 & 0 & 0 & 0 \\ 0 & 0 & 1 & 0 & 0 \\ \sqrt{0.2} & 0 & 0 & 0 & \sqrt{0.8} \\ 0 & 0 & 0 & 1 & 0 \\ -\sqrt{0.8} & 0 & 0 & 0 & \sqrt{0.2} \end{pmatrix}.$$

La décomposition en QR

La factorisation QR est souvent utilisée pour résoudre le problème des moindres carrés linéaires et constitue la base d'un algorithme de valeurs propres particulier, l'algorithme QR. Il existe des cas particuliers ou analogues à des factorisations QR telles que QL, RQ, LQ, QR réduit, dépendant des matrices si elles sont triangulaires supérieures ou inférieures, et sur les matrices Q, si elles sont carrées ou rectangulaires, etc. ... Ici, nous nous référons à la définition générale de la factorisation QR.

Lemme 185 *Soit $A \in \mathbb{C}^{m \times n}$ de rang $r \leq \min(m, n)$. Alors il existe une matrice unitaire gauche $\widetilde{Q} \in \mathbb{C}^{m \times r}$ (i.e. $\widetilde{Q}^* \widetilde{Q} = I_r$) et une matrice triangulaire supérieure $\widetilde{R} \in \mathbb{C}^{r \times n}$ telles que $A = \widetilde{Q} \widetilde{R}$.*

Ce lemme peut être étendu à celui qui suit :

Lemme 186 *Soit $A \in \mathbb{C}^{m \times n}$ de rang $r \leq \min(m, n)$. Alors il existe une matrice unitaire $Q \in \mathbb{C}^{m \times m}$ (i.e. $Q^*Q = QQ^* = I_m$) et une matrice triangulaire supérieure $R \in \mathbb{C}^{m \times n}$ telles que $A = QR$.*

Preuve. Nous donnons juste des indices à la preuve, en laissant le calcul au lecteur. Soient q_1, ..., q_r des colonnes de A telles qu'elles forment une base pour $\operatorname{Im} A$. Par le processus de Gram-Schmidt exposé dans la preuve du théorème 142, du chapitre 8, nous transformons cette base en base orthonormée $\{\varepsilon_1, ..., \varepsilon_r\}$. On pose $\widetilde{Q} = (\varepsilon_1, ..., \varepsilon_r)$, alors $\widetilde{Q} \in \mathbb{C}^{m \times r}$. En écrivant les colonnes de A sous forme de combinaisons linéaires de $\{\varepsilon_1, ..., \varepsilon_r\}$, on obtient une matrice triangulaire supérieure $\widetilde{R} \in \mathbb{C}^{r \times n}$ telle que $A = \widetilde{Q} \widetilde{R}$. Le processus de Gram-Schmidt assure la triangularité supérieure de $\widetilde{R}$. Aussi, on peut trouver $\widetilde{R}$ de la relation

$$A = \widetilde{Q} \widetilde{R} \Rightarrow \widetilde{Q}^* A = \widetilde{Q}^* \widetilde{Q} \widetilde{R} = \widetilde{R}$$

Quand $r < m$, il est possible de compléter la base orthonormée $\{\varepsilon_1, ..., \varepsilon_r\}$ à la base orthonormée $\{\varepsilon_1, ..., \varepsilon_m\}$ pour $\mathbb{C}^m$ en prenant l'union avec la base orthonormée de $\ker A^*$. On prend $Q = (\varepsilon_1, ..., \varepsilon_m)$, alors $Q \in \mathbb{C}^{m \times m}$ est une matrice unitaire. Ainsi, on prend $R = \begin{pmatrix} \widetilde{R} \\ 0 \end{pmatrix} \in \mathbb{C}^{m \times n}$ une matrice triangulaire supérieure telle $A = QR$. ∎

Remarque 187 *Il est facile de voir que la factorisation $A = \widetilde{Q} \widetilde{R}$ est un cas particulier de la factorisation à plein rang dans le lemme suivant :*

Lemme 188 *Soit $A \in \mathbb{C}^{m \times n}$ de rang r. Alors il existe des matrices $C \in \mathbb{C}^{m \times r}$ et $R \in \mathbb{C}^{r \times n}$ telles que $A = CR$.*

La preuve de ce lemme est similaire à celle ci-dessus sans passer par le processus de Gram-Schmidt.

Définition 189 *La factorisation dans le lemme 185 et aussi dans le lemme 186 est appelé la décomposition en QR de la matrice A.*

Exemple 190 *Soit* $A = \begin{pmatrix} -1 & -2 & -3 \\ 2 & 4 & 6 \\ 1 & 2 & 3 \end{pmatrix}.$

Alors une base des colonnes de A est $\{q_1 = (-1, 2, 1)\}$ *et une base de* $\ker A^*$ *est* $\{q_2 = (2, 1, 0), q_3 = (1, 0, 1)\}$. *Par le processus de Gram-Schmidt, nous transformons cette base en une orthonormée en deux étapes :*

1. *Orthogonalité : posons*

$$
\begin{aligned}
u_1 &= q_1, \\
u_2 &= q_2 - \frac{\langle u_1, q_2 \rangle}{\langle u_1, u_1 \rangle} u_1 = (2, 1, 0), \\
u_3 &= q_3 - \frac{\langle u_1, q_3 \rangle}{\langle u_1, u_1 \rangle} u_1 - \frac{\langle u_2, q_3 \rangle}{\langle u_2, u_2 \rangle} u_2 = \left(\frac{1}{5}, \frac{-2}{5}, 1 \right).
\end{aligned}
$$

2. *Normalité : posons*

$$
\begin{aligned}
\varepsilon_1 &= \frac{1}{\|u_1\|} u_1 = \left(\frac{-1}{\sqrt{6}}, \frac{2}{\sqrt{6}}, \frac{1}{\sqrt{6}} \right), \\
\varepsilon_2 &= \frac{1}{\|u_2\|} u_2 = \left(\frac{2}{\sqrt{5}}, \frac{1}{\sqrt{5}}, 0 \right), \\
\varepsilon_3 &= \frac{1}{\|u_3\|} u_3 = \left(\frac{1}{\sqrt{30}}, \frac{-2}{\sqrt{30}}, \frac{5}{\sqrt{30}} \right).
\end{aligned}
$$

Ainsi nous avons

$$
Q = \begin{pmatrix} \frac{-1}{\sqrt{6}} & \frac{2}{\sqrt{5}} & \frac{1}{\sqrt{30}} \\ \frac{2}{\sqrt{6}} & \frac{1}{\sqrt{5}} & \frac{-2}{\sqrt{30}} \\ \frac{1}{\sqrt{6}} & 0 & \frac{5}{\sqrt{30}} \end{pmatrix} \Rightarrow R = Q^T A = \begin{pmatrix} \sqrt{6} & 2\sqrt{6} & 3\sqrt{6} \\ 0 & 0 & 0 \\ 0 & 0 & 0 \end{pmatrix}.
$$

Nous mentionnons que la décomposition QR est unique à une base de colonnes choisies prés.

Annexe B

Application de certaines décompositions matricielles au concept des inverses généralisés

Introduction

Cet appendice est destiné à exposer le calcul ou la représentation de certains types d'inverses généralisés d'une matrice en utilisant certains types célèbres de décompositions matricielles exposées dans les parties du livre. En raison de l'importance de ces types d'inverses généralisés dans les différentes branches des mathématiques comme le plus proche de l'inverse ordinaire et les propriétés algébriques satisfaites, nous nous sommes concentrés sur l'inverse de More-Penrose d'une matrice et le groupe inverse (s'il existe). On peut se référer à [5] pour plus de connaissances sur les inverses généralisés des matrices, leur existence, l'unicité de certains types, leurs représentations et leurs applications.

Calcul du groupe inverse par la décomposition à plein rang

Définition 191 *Soit $A \in \mathbb{C}^{n \times n}$ de rang r. Le groupe inverse de A (s'il existe) est la matrice noté $A^{\#} \in \mathbb{C}^{n \times n}$ satisfait les équations suivantes*

$$AA^{\#}A = A,\ A^{\#}AA^{\#} = A^{\#},\ AA^{\#} = A^{\#}A.$$

En d'autres termes, A et $A^{\#}$ sont dites $\{1\}$-inverses l'une de l'autre et telles qu'elles commutent.

Le lemme suivant donne une condition alternative pour l'existence de $A^{\#}$ dans ([5], Théorème 2, page 172) qui énonce que l'existence du groupe inverse est équivalente à A ayant l'indice 1 (i.e. $rang A^2 = rang A$). On peut donc conclure une relation entre une factorisation complète (à plein rang) d'une matrice et son indice :

Lemme 192 *Soit $A = CR$ une factorisation à plein rang de $A \in \mathbb{C}^{n \times n}$ de rang r. Si RC est inversible, alors $A^{\#} = C\left(RC\right)^{-2}R$.*

Corollaire 193 *Soit $A = CR$ une factorisation à plein rang de $A \in \mathbb{C}^{n \times n}$ de rang r. Alors, A ayant l'indice 1 si et seulement si RC est inversible.*

Exemple 194 *Soit $A = \begin{pmatrix} 1 & -1 & 0 \\ 0 & 1 & 1 \\ 1 & 0 & 1 \end{pmatrix}$. La matrice A est de rang 2.*

On peut choisir $C = \begin{pmatrix} 1 & -1 \\ 0 & 1 \\ 1 & 0 \end{pmatrix}$, ainsi $R = \begin{pmatrix} 1 & 0 & 1 \\ 0 & 1 & 1 \end{pmatrix}$. Comme

$$RC = \begin{pmatrix} 1 & 0 & 1 \\ 0 & 1 & 1 \end{pmatrix} \begin{pmatrix} 1 & -1 \\ 0 & 1 \\ 1 & 0 \end{pmatrix} = \begin{pmatrix} 2 & -1 \\ 1 & 1 \end{pmatrix}$$

est inversible. alors

$$A^{\#} = C\left(RC\right)^{-2}R = \begin{pmatrix} \frac{1}{3} & 0 & \frac{1}{3} \\ -\frac{1}{3} & \frac{1}{3} & 0 \\ 0 & \frac{1}{3} & \frac{1}{3} \end{pmatrix}.$$

Calcul du groupe inverse par la forme réduite de Jordan

Soit $J_n\left(\lambda\right)$ un bloc de Jordan associé à une valeur propre λ sur $\mathbb{C}$. Si $\lambda \neq 0$, alors

$$\left(J_n\left(\lambda\right)\right)^{\#} = \left(J_n\left(\lambda\right)\right)^{-1}.$$

Si $\lambda = 0$, alors on vérifie l'indice de $J_n(0)$, s'il est égal à 1, alors

$$(J_n(0))^{\#} = (J_n(0))^{*}.$$

En revanche, il y a une relation entre l'indice d'une matrice et les multiplicités algébriques de ses valeurs propres que nous allons citer à la fin de ce paragraphe. Ainsi nous pouvons trouver la condion équivalente de l'existence du groupe inverse et les valeurs propres. Maintenant soit $A \in \mathbb{C}^{n \times n}$ de rang r et ayant l'indice 1, telle que sa forme réduite de Jordan est $A = PJP^{-1}$ où

$$J = J_{n_1}(\lambda_1) \oplus \dots \oplus J_{n_k}(\lambda_k).$$

Alors

$$A^{\#} = PJ^{\#}P^{-1}$$

où

$$J^{\#} = (J_{n_1}(\lambda_1))^{\#} \oplus \dots \oplus (J_{n_k}(\lambda_k))^{\#}.$$

Exemple 195 *Soit* $A = \begin{pmatrix} 5 & 0 & -1 & 1 \\ 4 & 1 & -1 & 1 \\ 2 & -1 & 3 & -1 \\ 1 & -1 & 0 & 2 \end{pmatrix}$, *sa forme réduite de Jordan est*

$$A = \begin{pmatrix} 0 & 0 & 1 & 0 \\ 1 & 0 & 1 & 0 \\ 1 & 1 & 1 & -1 \\ 1 & 1 & 0 & 0 \end{pmatrix} \begin{pmatrix} 1 & & & \\ & 2 & & \\ & & 4 & 1 \\ & & 0 & 4 \end{pmatrix} \begin{pmatrix} 0 & 0 & 1 & 0 \\ 1 & 0 & 1 & 0 \\ 1 & 1 & 1 & -1 \\ 1 & 1 & 0 & 0 \end{pmatrix}^{-1}.$$

Nous avons $J_1(1)$, $J_1(2)$ *et* $J_2(4)$ *sont tous inversibles. Ainsi,*

$$A^{\#} = PJ^{\#}P^{-1} = \begin{pmatrix} 0 & 0 & 1 & 0 \\ 1 & 0 & 1 & 0 \\ 1 & 1 & 1 & -1 \\ 1 & 1 & 0 & 0 \end{pmatrix} \begin{pmatrix} 1 & & & \\ & \frac{1}{2} & & \\ & & \frac{1}{4} & -\frac{1}{16} \\ & & 0 & \frac{1}{4} \end{pmatrix} \begin{pmatrix} 0 & 0 & 1 & 0 \\ 1 & 0 & 1 & 0 \\ 1 & 1 & 1 & -1 \\ 1 & 1 & 0 & 0 \end{pmatrix}^{-1}$$

$$= \begin{pmatrix} \frac{3}{16} & 0 & \frac{1}{16} & -\frac{1}{16} \\ -\frac{13}{16} & 1 & \frac{1}{16} & -\frac{1}{16} \\ -\frac{9}{16} & \frac{1}{2} & \frac{5}{16} & \frac{3}{16} \\ -\frac{1}{2} & \frac{1}{2} & 0 & \frac{1}{2} \end{pmatrix} = A^{-1}.$$

Le théorème suivant est l'une des conditions équivalentes citées dans le théorème 6, [5], page 133.

Théorème 196 *Soit* $A \in \mathbb{C}^{n \times n}$. *Si* A *est singulière, alors zéro est une valeur propre de multiplicité k dans le polynôme minimal de A si et seulement si A est d'indice k (i.e. $rang A^{k+1} = rang A^k$).*

Ainsi, une matrice singulière admet le groupe inverse si et seulement si zéro est une racine simple de son polynôme minimal.

L'inverse de Moore-Penrose

Définition 197 *Soit $A \in \mathbb{C}^{m \times n}$ de rang r. L'inverse de Moore-Penrose de A est la matrice noté $A^+ \in \mathbb{C}^{n \times m}$ satisfait les équations suivantes*

$$AA^+A = A, \ A^+AA^+ = A^+, \ \left(AA^+\right)^* = AA^+, \ \left(A^+A\right)^* = A^+A.$$

En d'autres termes, A et A^+ sont dites $\{1\}$-inverses l'une de l'autre, tel que les projecteurs AA^+ et A^+A sont hermitiens.

Calcul de l'inverse de Moore-Penrose par la décomposition à plein rang

Trouvons l'inverse de Moore Penrose d'une matrice $A \in \mathbb{C}^{m \times n}$ de rang $r \leq \min(m, n)$.

1. Si $r = n$ ou $r = m$, alors A^*A ou AA^* est inversible, puis

$$A^+ = (A^*A)^{-1} A^*,$$

ou

$$A^+ = A^* (AA^*)^{-1}.$$

2. Si $r < \min(m, n)$, alors de la factorisation à plein rang $A = CR$, avec $C \in \mathbb{C}^{m \times r}$ de rang r et $R \in \mathbb{C}^{r \times n}$ de rang r, nous avons

$$A^+ = R^+C^+,$$

où les résultats du premier cas sont appliqués pour C et R. .

Calcul de l'inverse de Moore-Penrose par la décomposition en QR

Soit $A = QR \in \mathbb{C}^{m \times n}$, la décomposition en QR d'une matrice donnée A. Alors

$$A^+ = R^+Q^*.$$

Comme $R = \begin{pmatrix} \widetilde{R} \\ 0 \end{pmatrix} \in \mathbb{C}^{m \times n}$ (si la factorisation est à plein rang, alors $R = \widetilde{R}$), alors

$$R^+ = \left(\ \widetilde{R}^+ \ \ 0 \ \right), \ \widetilde{R}^+ = \widetilde{R}^* \left(\widetilde{R}\widetilde{R}^*\right)^{-1}.$$

Peut être quelqu'un s'interroge pourquoi le calcul par QR tandis que nous avons CR? La réponse est dans la matrice R qui est une matrice triangulaire, ce qui rend la solution d'un système linéaire par l'utilisation de l'inverse de Moore-Penrose plus facile. Enfin, soit le

système matriciel $Ax = y$. Utilisons la décomposition QR de la matrice
A et un changement de variable convenable, le système devient

$$QRx = y$$

ce qui donne

$$x = \tilde{R}^* z,$$

où

$$z = \left(\left(\tilde{R}\tilde{R}^* \right)^{-1} Q^* \right) y.$$

Calcul de l'inverse de Moore-Penrose par la décomposition en SVD

Soit $A = U\Sigma V^* \in \mathbb{C}^{m \times n}$ la décomposition en SVD d'une matrice
donnée A. Alors,

$$A^+ = V\Sigma^+ U^*,$$

où

$$\Sigma^+ = \begin{pmatrix} \frac{1}{\sigma_1} & & & & \\ & \ddots & & & \\ & & \frac{1}{\sigma_r} & & \\ & & & 0 & \\ & & & & 0 \end{pmatrix} \in \mathbb{C}^{n \times m}.$$

Nous avons déjà vue que les décompositions en CR ou en QR sont
basées sur le rang de la matrice en question, tandis qu'une matrice
A d'ordre n peut sembler avoir un rang r, mais quand on regarde
Σ nous peut trouvons que certaines des valeurs singulières sont très
proches de zéro comme nous avons déjà indiqué dans l'exemple 179
de l'annexe A. Donc le calcul de l'inverse de Moore-Penrose par la
décomposition en SVD devient parfois le plus efficace. Il est claire que
la forme réduite de Jordan n'est pas valable pour le calcul de l'inverse de
Moore-Penrose pour les matrices singulière car la matrice de passage P
n'est pas unitaire en général, ce qui fait des projecteurs non hermitiens,
i.e. les deux dernières équations dans la définition 197 ne seront pas
validées.

Nous laissons au lecteur d'appliquer les exemples dans l'annexe A
pour les paragraphes de cet annexe.

Quelques sites en relation avec le contexte

http ://www.albany.edu/~mark/numlin.pdf,

tion de certaines décompositions matricielles au concept des inverses généralisés
http ://math.univ-lyon1.fr/~bernard/teach/numalg/
algebre_notes_de_cours_3.pdf. http ://exo7.emath.fr/deux.html

Bibliographie

[1] Yan-Bin Jia, Singular Value Decomposition, Com S 477/577 Notes, (Sep 12, 2017), 1-9.

[2] GILBERT STRANG, Introduction to Linear Algebra, Fifth Edition, Wellesley-Cambridge Press and SIAM, (2016)

[3] Jean Fresnel. Algebre des matrices. Hermann, 2013

[4] Mark Steinberger, A connection between number theory and linear algebra, (January 31,(2012), 1-15).

[5] A. Ben-Israel and T. N. E. Greville, *Generalized inverses, theory and applications,* Springer-Verlag NewYork, Inc, (2003).

[6] J. P. Escofier, Toute l'algèbre de la licence, 4th Edition, Dunod, 2000.

[7] Mark Steinberger, Algebra, PWS, (1994), 558 pages.

[8] Seymour Lipschutz,Algèbre Linéaire, Cours Et Problèmes 600 Exercices Résolus, Temple University Editeur : Mcgraw-Hill, Collection : Série Schaum, 1987.